国家海洋创新评估系列报告

国家海洋创新指数报告
2021

刘大海　何广顺　王春娟　著

科 学 出 版 社

北 京

内 容 简 介

本书以海洋创新数据为基础，构建了国家海洋创新指数，客观分析了我国海洋创新现状与发展趋势，定量评估了国家和区域海洋创新能力，开展了我国海洋经济圈创新评价与"一带一路"协同发展研究，以及我国海洋创新与经济高质量发展关系分析。同时，本书对比分析了全球海洋创新能力，并开展了全球海洋科技创新态势、青岛海洋科学与技术试点国家实验室和海洋野外科学观测研究站等专题分析。

本书既是海洋领域的专业科技工作者和高校师生的参考用书，又是海洋管理和决策部门的重要参考资料，并可为全社会认识和了解我国海洋创新发展提供窗口。

图书在版编目（CIP）数据

国家海洋创新指数报告. 2021/刘大海，何广顺，王春娟著. — 北京：科学出版社，2022.3
（国家海洋创新评估系列报告）
ISBN 978-7-03-071560-9

Ⅰ.①国… Ⅱ.①刘…②何…③王… Ⅲ.①海洋经济–技术革新–研究报告–中国–2021 Ⅳ.①P74

中国版本图书馆CIP数据核字（2022）第029871号

责任编辑：朱　瑾　习慧丽 / 责任校对：郑金红
责任印制：吴兆东 / 封面设计：无极书装

科 学 出 版 社 出版
北京东黄城根北街16号
邮政编码：100717
http://www.sciencep.com
北京建宏印刷有限公司　印刷
科学出版社发行　各地新华书店经销

2022年3月第 一 版　开本：889×1194 1/16
2022年3月第一次印刷　印张：9
字数：276 000
定价：158.00元
（如有印装质量问题，我社负责调换）

《国家海洋创新指数报告 2021》学术委员会

主　　任：李铁刚

副 主 任：魏泽勋

委　　员：玄兆辉　高学民　杨　峰　朱迎春　高　峰

　　　　　高润生　潘克厚　李人杰　王　骁

顾　　问：丁德文　金翔龙　吴立新　曲探宙　辛红梅

　　　　　秦浩源　马德毅　余兴光　徐兴永　王宗灵

　　　　　雷　波　温　泉　石学法　王保栋　冯　磊

　　　　　王　源

著　　者：刘大海　何广顺　王春娟

编 写 组：刘大海　王春娟　张华伟　单海燕　孙开心

　　　　　王玺媛　王　琦　王玺茜　华玉婷　赵　倩

　　　　　王金平　尹希刚　鲁景亮　邢文秀　于　莹

　　　　　林香红　吕　阳　张潇娴　张树良　肖仙桃

　　　　　吴秀平　刘燕飞　牛艺博　李成龙　李晓璇

测 算 组：刘大海　王春娟　张华伟　孙开心　单海燕

　　　　　王玺媛　华玉婷　赵　倩　王　琦　李晓璇

著者单位：自然资源部第一海洋研究所

　　　　　国家海洋信息中心

　　　　　中国科学院兰州文献情报中心

　　　　　青岛海洋科学与技术试点国家实验室

前　言

党的十九大报告指出"创新是引领发展的第一动力"，要"加强国家创新体系建设，强化战略科技力量"。"十三五"时期是我国全面建成小康社会决胜阶段，是实施创新驱动发展战略、建设海洋强国的关键时期。进入"十四五"后，中央经济工作会议提出的2021年八项重点任务中将强化国家战略科技力量排在首位。

海洋创新是国家创新的重要组成部分，也是实现海洋强国战略的动力源泉。党的十九大报告同时提出"实施区域协调发展战略""坚持陆海统筹，加快建设海洋强国""要以'一带一路'建设为重点，坚持引进来和走出去并重""加强创新能力开放合作，形成陆海内外联动、东西双向互济的开放格局"。《中华人民共和国国民经济和社会发展第十四个五年规划和2035年远景目标纲要》第三十三章主题为"积极拓展海洋经济发展空间"，对坚持陆海统筹和加快建设海洋强国提出了新的要求。

为响应国家海洋创新战略、服务国家创新体系建设，自然资源部第一海洋研究所自2006年着手开展海洋创新指标的测算工作，并于2013年启动国家海洋创新指数的研究工作。在自然资源部①领导和有关专家学者的帮助与支持下，国家海洋创新指数系列报告自2015年以来已经出版了十二册，《国家海洋创新指数报告2021》是该系列报告的第十三册。

《国家海洋创新指数报告2021》基于海洋经济统计、科技统计和科技成果登记等权威数据，从海洋创新资源、海洋知识创造、海洋创新绩效、海洋创新环境4个方面构建指标体系，定量测算了2004～2019年我国海洋创新指数。本书客观评价了我国国家和区域海洋创新能力，切实反映了我国海洋创新的质量和效率。同时，本书总结研究了我国海洋经济圈与"一带一路"协同发展模式，探讨了我国海洋创新与经济高质量发展的协整关系，针对全球海洋创新能力进行了分析，并对全球海洋科技创新态势、青岛海洋科学与技术试点国家实验室和海洋野外科学观测研究站进行了专题分析。

《国家海洋创新指数报告2021》由自然资源部第一海洋研究所海岸带科学与海洋发展战略研究中心组织编写。中国科学院兰州文献情报中心参与编写了海洋论文和专利、全球海洋创新能力分析及全球海洋科技创新态势专题分析等部分，青岛海洋科学与技术试点国家实验室参与编写了海洋试点国家实验室专题分析部分。国家海洋信息中心、科学技术部战略规划司等单位和部门提供了数据支持；中国科学技术发展战略研究院在评价体系与测算方法方面给予了技术支持。在此对参与编写和提供数据与技术支持的单位及个人，一并表示感谢。

希望国家海洋创新评估系列报告能够成为全社会认识和了解我国海洋创新发展的窗口。本书是国家海洋创新指数研究的阶段性成果，敬请各位同仁批评指正，编写组会汲取各方面专家学者的宝贵意见，不断完善国家海洋创新评估系列报告。

刘大海　何广顺　王春娟

2021年12月

---

① 2018年3月，根据第十三届全国人民代表大会第一次会议批准的国务院机构改革方案，将国家海洋局的职责整合，组建中华人民共和国自然资源部，自然资源部对外保留国家海洋局牌子；将国家海洋局的海洋环境保护职责整合，组建中华人民共和国生态环境部；将国家海洋局的自然保护区、风景名胜区、自然遗产、地质公园等管理职责整合，组建中华人民共和国国家林业和草原局，由中华人民共和国自然资源部管理；不再保留国家海洋局。

目　录

第一部分　总　报　告

第二部分　专　题　报　告

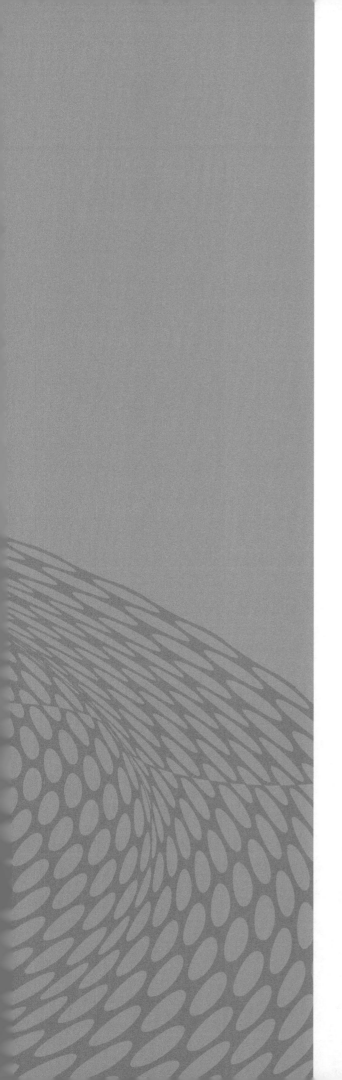

第一部分　总报告

第一章　从数据看我国海洋创新

在海洋强国和"一带一路"倡议背景下，我国海洋创新发展不断取得新成就，自主创新能力大幅提升，科技竞争力和整体实力显著增强，部分领域达到国际先进水平，海洋创新环境条件明显改善，海洋创新硕果累累。

海洋创新人力资源结构持续优化。研究与发展（research and development，R&D）人员总量、折合全时工作量稳步上升，R&D人员学历结构逐步优化。

海洋创新经费规模显著提升。海洋科研机构的R&D经费规模稳中有升。2019年科学研究和技术服务业统计调查报表制度有所调整，R&D经费构成发生变化，R&D经费内部支出由R&D日常性支出和R&D资产性支出构成。R&D日常性支出占比显著高于R&D资产性支出占比，分别为76.21%和23.79%。海洋科研机构的固定资产和科学仪器设备逐年递增。

海洋创新成果持续增长。海洋科研机构的海洋科技论文总量波动增长，海洋科技著作出版种类增长显著，专利申请受理量、授权量及专利所有权转让与许可收入均涨势强劲。

第一节　海洋创新人力资源结构持续优化

海洋创新人力资源是建设海洋强国和创新型国家的主导力量与战略资源，海洋创新科研人员的综合素质决定了国家海洋创新能力提升的速度和幅度。海洋R&D人员是重要的海洋创新人力资源，突出反映了一个国家海洋创新人才资源的储备状况。海洋R&D人员是指海洋科研机构本单位人员、外聘研究人员，以及在读研究生中参加R&D课题的人员、R&D课题管理人员、为R&D活动提供直接服务的人员。

一、R&D人员总量、折合全时工作量稳步上升

2005～2019年，我国海洋科研机构的R&D人员总量和折合全时工作量总体呈现稳步上升态势（图1-1）。2006年R&D人员总量和折合全时工作量增长相对较缓；2007年二者均涨势迅猛，增长率分别为119.10%和88.16%；2008～2014年，二者保持稳步增长；2015年R&D人员总量略有下降；2016年二者再次出现明显增长，增长率分别为13.68%和6.55%；2017年R&D人员总量略有下降，折合全时工作量略有上升；2018年R&D人员总量和折合全时工作量有显著增长，增长率分别为23.66%和24.86%；2019年R&D人员总量和折合全时工作量增长幅度下降，但依然保持增长态势，增长率分别为2.57%和3.38%。[①]

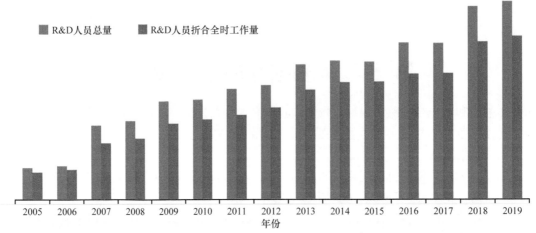

图 1-1　2005～2019 年我国海洋科研机构 R&D 人员总量、折合全时工作量的变化趋势

二、R&D人员学历结构逐步优化

2011～2019年，我国海洋科研机构R&D人员中博士毕业生保持增长，占比呈波动上升趋势。2019年硕士毕业生占比较2018年略有下降。2019年博士和硕士毕业生分别占R&D人员总量的34.41%和34.51%（图1-2）。其中，博士毕业生占比2019年最高，比2011年增长6.59个百分点；硕士毕业生占比均呈波动增长态势，2019年比2011年增长7.61个百分点。

第二节　海洋创新经费规模显著提升

R&D活动是创新活动的核心组成部分，不仅是知识创造和自主创新能力的源泉，还是全球化环境下吸纳新知识和新技术能力的基础，更是反映科技与经济协调发展和衡量经济增长质量的重要指

---

① 本书中部分数据百分比之和不等于100%是因为进行过舍入修约。

标。海洋科研机构的R&D经费是重要的海洋创新经费,能够有效地反映国家海洋创新活动规模,客观评价国家海洋科技实力和创新能力。

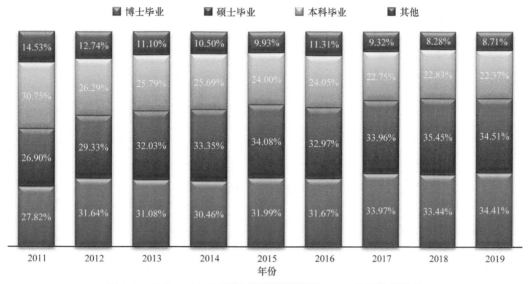

图1-2 2011～2019年我国海洋科研机构 R&D 人员学历结构

一、R&D 经费规模稳中有升

2005～2019年,我国海洋科研机构的R&D经费支出总体保持增长态势(图1-3),年均增长率达25.31%。2007年是R&D经费支出迅猛增长的一年,年增长率达145.18%。R&D经费内部支出是R&D经费支出的主要部分,是指当年为进行R&D活动而实际用于机构内的全部支出。2019年R&D经费内部支出比2018年有所增长,但占比相比2018年降低1.9个百分点,为95.00%。

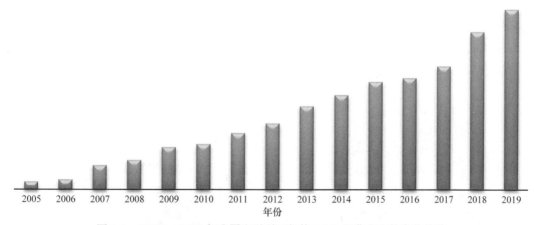

图1-3 2005～2019年我国海洋科研机构 R&D 经费支出的变化趋势

R&D经费占全国海洋生产总值的比例通常作为国家海洋科研经费投入强度的指标,反映国家海洋创新资金投入强度。2005～2019年,该指标整体呈现增长态势,年均增长率为11.60%;2017年与2016年基本持平,2019年该比例明显增加(图1-4)。

二、R&D 经费构成有所变化

2019年科学研究和技术服务业统计调查报表制度发生变化,根据《研究与试验发展(R&D)

投入统计规范（试行）》，R&D经费内部支出由R&D日常性支出和R&D资产性支出构成，其中，R&D日常性支出由人员劳务费和其他日常性支出构成，R&D资产性支出由土地与建筑物支出、仪器与设备支出、资本化的计算机软件支出、专利和专有技术支出等构成。

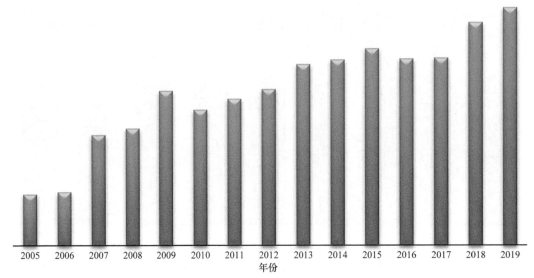

图 1-4　2005～2019 年 R&D 经费占全国海洋生产总值比例的变化趋势

从R&D经费内部支出构成来看，2019年R&D日常性支出显著高于资产性支出，占比分别为76.21%和23.79%（图1-5）。

从活动类型来看，2019年R&D日常性支出中用于基础研究的经费占比36.32%，用于应用研究的经费占比42.29%，用于试验发展的经费占比21.39%（图1-6），其中基础研究和应用研究占比较高。基础研究是构建科学知识体系的关键环节，加强基础研究是提升源头创新能力的重要环节。目前我国的基础研究正处于从量的积累向质的飞跃、从点的突破向系统能力提升的重要时期，海洋领域基础研究的发展趋势与现阶段我国科技发展趋势相一致，基本投入和结构组成逐渐科学化、合理化。

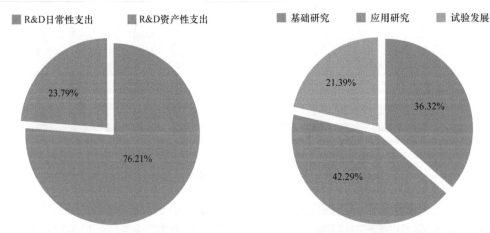

图 1-5　2019 年 R&D 经费内部支出构成　　　图 1-6　2019 年 R&D 日常性支出构成（按活动类型）

从经费来源来看，2019年R&D日常性支出的主要经费来源是政府资金、企业资金和事业单位资金。2019年政府资金、企业资金和事业单位资金占比分别为82.39%、9.91%和7.26%（图1-7），政府资金是R&D日常性支出的重要资金来源。

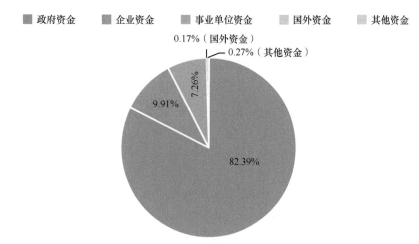

图1-7　2019年R&D日常性支出构成（按经费来源）

三、固定资产和科学仪器设备逐年递增

　　固定资产是指能在较长时间内使用，消耗其价值，但能保持原有实物形态的设施和设备，如房屋和建筑物等，构成要素包括耐用年限在一年以上和单位价值在规定标准以上。2005～2019年，我国海洋科研机构的固定资产持续增长（图1-8），年均增长率为23.78%。固定资产中的科学仪器设备是指从事科技活动的人员直接使用的科研仪器设备，不包括与基建配套的各种动力设备、机械设备、辅助设备，也不包括一般运输工具（用于科学考察的交通运输工具除外）和专用于生产的仪器设备。2005～2019年，我国海洋科研机构固定资产中的科学仪器设备保持增长态势（图1-8），年均增长率为27.65%。

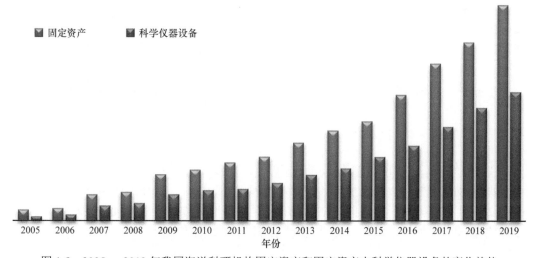

图1-8　2005～2019年我国海洋科研机构固定资产和固定资产中科学仪器设备的变化趋势

第三节　海洋创新成果持续增长

　　知识创新是国家竞争力的核心要素，创新成果是指科学研究与技术创新活动所产生的各种形式的成果。较高的海洋知识扩散与应用能力是创新型海洋强国的共同特征之一。海洋创新成果是国家

海洋科技创新水平和能力的重要体现，也是投入产出体系中能够体现科技产出的重要部分，集中反映了国家海洋原始创新能力、创新活跃程度和技术创新水平。海洋科技论文、著作和发明专利等是反映知识创新与产出能力的重要指标，其中，论文、著作的数量和质量一般直接反映海洋科技的原始创新能力，专利申请受理量和授权量等则更加直接地反映海洋创新活动程度和技术创新水平。

一、海洋科技论文总量波动增长

　　海洋科技论文是指海洋领域科技统计中报告年度在学术期刊上发表的最初的科学研究成果，统计范围为在全国性学报或学术刊物上、省部属大专院校对外正式发行的学报或学术刊物上发表的海洋科技论文，以及向国外发表的海洋科技论文。2005～2019年我国海洋科技论文发表量呈现小幅波动，但整体保持增长态势。其中，我国海洋科技论文发表量出现3次小幅波动（图1-9），分别在2010年、2015年、2017年，这三年均比上年小幅下降，其他年份均呈增长态势。2019年海洋科技论文发表量约为2005年的4.94倍，年均增长率为12.08%。

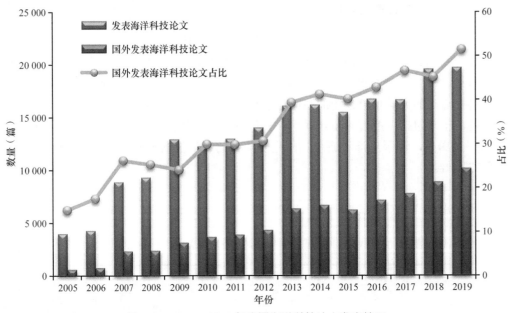

图 1-9　2005～2019 年我国海洋科技论文发表情况

　　国外海洋科技论文发表量和占比在2005～2019年呈现一定的波动（图1-9），数量波动出现在2015年，占比波动较频繁，分别出现在2008年、2009年、2011年、2015年和2018年。但整体仍呈现增长态势。2019年，我国海洋领域向国外发表的海洋科技论文占比超过50.00%，为51.47%，这表明2005～2019年我国海洋领域向国外发表论文量呈上升趋势。

二、海洋科技著作出版种类增长显著

　　科技著作是指经过正式出版部门编印出版的科技专著、大专院校教科书、科普著作。我国海洋科技著作出版种类总体呈现增长态势（图1-10），2005～2019年年均增长率为11.77%。其中，2009年海洋科技著作出版种类快速增长，增长率为64.47%；2010～2019年海洋科技著作出版种类年均增长率为9.44%。

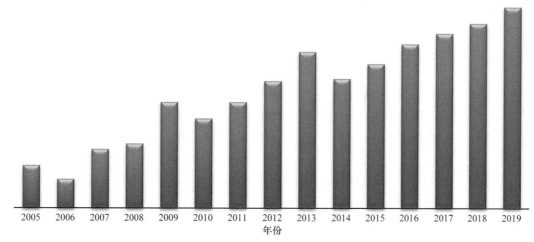

图 1-10 2005～2019 年我国海洋科技著作出版种类的变化趋势

三、海洋领域专利申请受理量、授权量涨势强劲

专利申请受理量是指调查单位在报告年度向国内外知识产权行政部门提出专利申请并被受理的件数。2005～2019年，我国海洋科研机构专利申请受理量总体呈现增长态势（图1-11），年均增长率为22.32%，比2004～2018年降低1.36个百分点。2006年及2016年专利申请受理量出现负增长，2012～2015年显著增长，2017～2019年稳步回升，2019年达到最高。

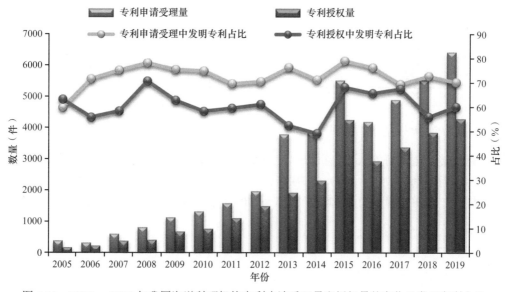

图 1-11 2005～2019 年我国海洋科研机构专利申请受理量和授权量的变化及发明专利占比

发明专利申请受理量是指调查单位在报告年度向国内外知识产权行政部门提出发明专利申请并被受理的件数。2005～2019年，我国海洋科研机构发明专利申请受理量呈现不同程度的波动，但整体也是上升趋势，2019年达到最高。2005～2019年专利申请受理中发明专利占比也呈现不同程度的波动，其中，2005年占比最低，为59.69%，2015年最高，为78.89%，2019年为70.10%。我国海洋领域专利申请受理中，发明专利占比均超过50%（图1-11），说明目前我国海洋领域专利技术以研发居多，创新潜力较大。

专利授权量是指报告年度由国内外知识产权行政部门向调查单位授予专利权的件数。2005～2019年，我国海洋科研机构专利授权量总体上增长，2019年最高，数量增长以2015年为界分为两个阶段，分别是2005～2014年和2016～2019年的稳步增长阶段，年均增长率分别为34.76%和13.48%。

发明专利授权量是指报告年度由国内外知识产权行政部门向调查单位授予发明专利权的件数。2005～2019年，我国海洋科研机构发明专利授权量总体呈现增长态势，年均增长率为30.87%，以2015年为最高。专利授权中发明专利占比较高，仅2014年为49.00%，其他年份均超过50%，其中，2008年最高，为70.57%，2019年为59.94%。

专利所有权转让与许可数量是指报告年度调查单位向外单位转让专利所有权或允许专利技术由被许可单位使用的件数，其中一项专利多次许可算一件。2009～2019年，我国海洋科研机构专利所有权转让与许可数量总体呈现增长态势，年均增长率为26.18%，以2019年为最高（图1-12）。

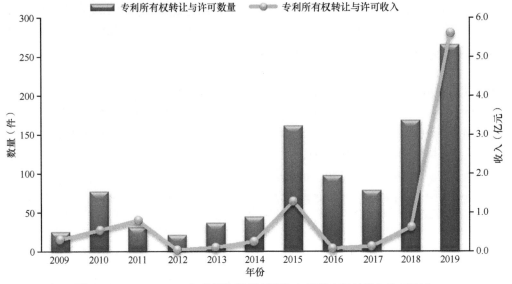

图 1-12　2009～2019 年我国海洋科研机构专利所有权转让与许可变化

专利所有权转让与许可收入是指报告年度调查单位向外单位转让专利所有权或允许专利技术由被许可单位使用而得到的收入。2009～2019年，我国海洋科研机构专利所有权转让与许可收入呈现波动变化态势，年均增长率为33.30%，2019年为2009年的17.72倍，为2018年的8.87倍。

第二章　国家海洋创新指数分析

国家海洋创新指数是一个综合指数，由海洋创新资源、海洋知识创造、海洋创新绩效和海洋创新环境4个分指数构成。考虑海洋创新活动的全面性和代表性，以及基础数据的可获取性，本书选取19个指标（指标体系见附录一），以反映海洋创新的质量、效率和能力。

2019年国家海洋创新指数与上年持平，海洋创新能力稳步提高。将2004年我国的国家海洋创新指数得分定为基数100，则2019年国家海洋创新指数得分为303，2004～2019年国家海洋创新指数的年均增长率为7.67%，"十二五"期间年均增长率为8.33%，保持平稳增长态势。

海洋创新资源分指数总体呈上升趋势，2004～2019年年均增长率为7.30%。其中，研究与发展经费投入强度及研究与发展人力投入强度两个指标的年均增长率分别为10.35%与9.90%，是拉动海洋创新资源分指数上升的主要力量。

海洋知识创造分指数增长强劲，年均增长率达9.47%。本年出版科技著作（种）与万名R&D人员的发明专利授权数两个指标增长较快，年均增长率分别达12.33%和11.63%，高于其他指标值，成为推动海洋知识创造的主导力量。

海洋创新绩效分指数在4个分指数中增长较快，年均增长率为8.05%。海洋劳动生产率在海洋创新绩效分指数的5个指标中增长最为稳定，年均增长率为9.76%，对海洋创新绩效的增长起着积极的推动作用。

海洋创新环境分指数呈稳定上升趋势，年均增长率为5.26%，得益于沿海地区人均海洋生产总值指标的迅速增长。

第一节　海洋创新指数综合分析

一、国家海洋创新指数趋于平稳

将2004年我国的国家海洋创新指数得分定为基数100，则2019年国家海洋创新指数得分为303（图2-1），2004～2019年国家海洋创新指数年均增长率为7.67%。

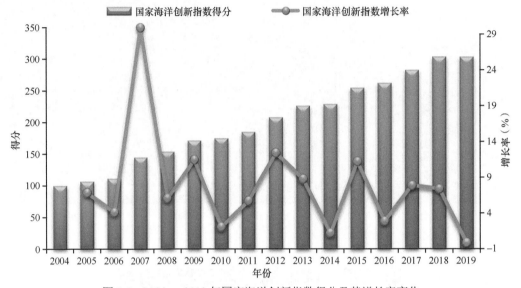

图 2-1　2004～2019 年国家海洋创新指数得分及其增长率变化

2004～2019年国家海洋创新指数得分总体呈上升趋势，增长率出现不同程度的波动，"十一五"期间，国家海洋创新指数得分由2006年的111增长为2010年的175，年均增长率达11.92%，在此期间国家对海洋创新的投入逐渐加大，效果开始显现；越来越多的科研机构从事海洋研究，其中最为突出的是2006～2007年，增长率达到阶段性最大值，为29.97%。"十二五"期间，国家海洋创新指数得分由2011年的185增长为2015年的254，年均增长率达到8.33%。2017～2018年国家海洋创新指数得分由282上升为303，增长率为7.40%。2019年国家海洋创新指数得分与2018年相同，也为303。

二、4个分指数贡献不一，趋势变化略存差异

海洋创新资源、海洋知识创造、海洋创新绩效和海洋创新环境4个分指数对国家海洋创新指数的影响各不相同，4个分指数的得分呈现不同程度的上升态势（表2-1，图2-2）。海洋创新资源分指数得分与国家海洋创新指数得分最为接近，变化趋势也较为相似；海洋知识创造分指数得分总体上高于国家海洋创新指数得分，说明海洋知识创造分指数对国家海洋创新指数增长有较大的正向贡献；海洋创新绩效分指数涨势迅猛，2018年在4个分指数中得分最高。海洋创新环境分指数得分除2006年外，其余年份均低于国家海洋创新指数得分，但其年度变化趋势与国家海洋创新指数得分的变化趋势比较接近。

表 2-1　2004～2019 年国家海洋创新指数及其分指数得分变化

年份	综合指数	分指数			
	国家海洋创新指数	海洋创新资源	海洋知识创造	海洋创新绩效	海洋创新环境
2004	100	100	100	100	100

续表

年份	综合指数	分指数			
	国家海洋创新指数	海洋创新资源	海洋知识创造	海洋创新绩效	海洋创新环境
2005	107	102	111	108	106
2006	111	105	109	118	113
2007	145	162	152	135	130
2008	154	172	164	146	132
2009	171	197	197	144	146
2010	175	199	195	161	144
2011	185	208	214	171	146
2012	208	221	251	200	158
2013	226	236	306	199	162
2014	229	239	288	215	174
2015	254	246	327	264	181
2016	262	252	344	264	188
2017	282	259	367	297	206
2018	303	285	353	365	210
2019	303	288	388	320	216

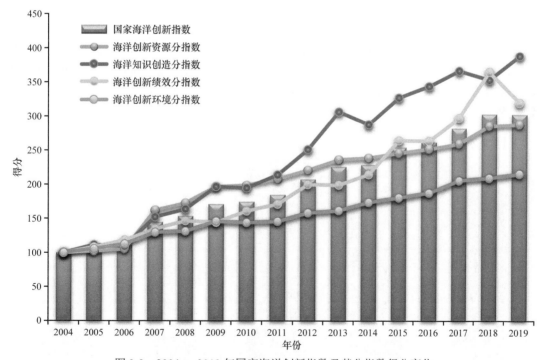

图 2-2　2004～2019 年国家海洋创新指数及其分指数得分变化

　　2004～2019 年，我国海洋创新资源分指数年均增长率为 7.30%，2007 年增长率最高，为 53.90%；2009 年次之，为 14.30%；增长率超过 5% 的年份还有 2008 年、2012 年、2013 年和 2018 年，其余年份增长率均小于 5%（表 2-2）。这体现了我国海洋创新资源投入不断增加，但年际投入增量有所波动。

表 2-2　2004 ～ 2019 年国家海洋创新指数和分指数增长率变化　　　　（单位：%）

年份	综合指数	分指数			
	国家海洋创新指数	海洋创新资源	海洋知识创造	海洋创新绩效	海洋创新环境
2004	—	—	—	—	—
2005	6.88	2.18	11.48	8.27	5.58
2006	4.17	3.04	−1.99	9.02	6.79
2007	29.97	53.90	39.36	14.08	15.17
2008	6.08	6.41	7.49	8.74	1.28
2009	11.47	14.30	20.32	−1.42	11.08
2010	2.10	0.90	−1.07	11.51	−1.30
2011	5.74	4.65	9.91	6.17	1.10
2012	12.43	6.18	17.36	17.05	8.69
2013	8.77	6.92	21.94	−0.42	2.08
2014	1.23	1.05	−6.09	7.71	7.40
2015	11.22	2.94	13.65	23.10	3.92
2016	2.91	2.47	5.14	−0.18	3.98
2017	7.88	3.03	6.63	12.81	9.76
2018	7.40	10.02	−3.66	22.67	1.75
2019	−0.14	0.82	9.94	−12.40	2.93

2004～2019年，海洋知识创造分指数对我国海洋创新能力大幅提升的贡献较大，年均增长率达9.47%（图2-3）。这表明我国海洋科研能力迅速增强，海洋知识创造及其转化运用为海洋创新活动提供了强有力的支撑。海洋知识创造能力的提高为增强国家原始创新能力、提高自主创新水平提供了重要支撑。

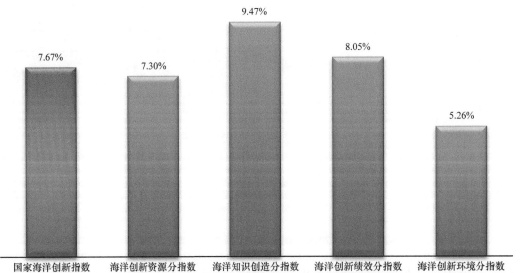

图 2-3　2004 ～ 2019 年国家海洋创新指数及其分指数的年均增长率

促进海洋经济发展是海洋创新活动的重要目标，是进行海洋创新能力评价不可或缺的组成部分。从近年来的变化趋势看，我国海洋创新绩效稳步提升。2004～2019年，我国海洋创新绩效分指数年均增长率达8.05%，增长率最高值出现在2015年，为23.10%（表2-2）。

海洋创新环境是海洋创新活动顺利开展的重要保障。我国海洋创新的总体环境得到了极大改善，2004～2019年海洋创新环境分指数总体呈上升趋势（表2-1），年均增长率为5.26%（图2-3）。

第二节　海洋创新资源分指数分析

海洋创新资源能够反映一个国家对海洋创新活动的投入力度。创新型人才资源的供给能力及创新所依赖的基础设施投入水平是国家持续开展海洋创新活动的基本保障。海洋创新资源分指数采用如下5个指标：①研究与发展经费投入强度；②研究与发展人力投入强度；③R&D人员中博士毕业人员占比；④科技活动人员占海洋科研机构从业人员的比例；⑤万名科研人员承担的课题数。通过以上指标，从资金投入、人力资源投入等角度对我国海洋创新资源投入和配置能力进行评价。

一、海洋创新资源分指数平稳增长

2019年海洋创新资源分指数得分为288，比2018年略有上升，2004～2019年的年均增长率为7.30%。从历史变化情况来看，2004～2019年海洋创新资源分指数呈增长趋势，2007年和2009年海洋创新资源分指数的涨幅较明显，年增长率分别为53.90%与14.30%；相对来讲，2017年和2019年的年增长率略低，分别为3.03%和0.82%。

二、指标变化有升有降

从海洋创新资源的5个指标得分的变化（图2-4）来看，研究与发展经费投入强度和研究与发展人力投入强度两个指标得分整体呈现明显上升趋势，年均增长率分别为10.35%和9.90%，是拉动海洋

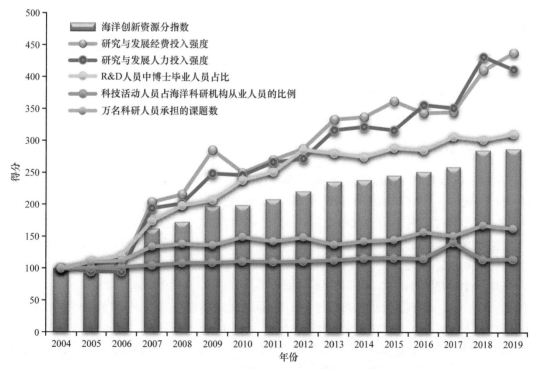

图2-4　2004～2019年海洋创新资源分指数及其指标得分变化

创新资源分指数整体上升的主要力量；R&D人员中博士毕业人员占比指标得分2006～2012年增长迅速，2012～2018年有升有降，2019年得分最高；科技活动人员占海洋科研机构从业人员的比例指标比较稳定，2017年得分最高，2018～2019年没有变动；万名科研人员承担的课题数指标在2016年以前保持稳定增长，2017年有所下降，2018年略有回升，之后在2019年又有所下降。

R&D人员中博士毕业人员占比指标能够反映一个国家海洋科技活动的顶尖人才力量状况，科技活动人员占海洋科研机构从业人员的比例指标能够反映一个国家海洋创新活动科研力量的强度。2004～2019年，R&D人员中博士毕业人员占比指标呈现先较快上升后略有回落再保持稳定增长的趋势，年均增长率为7.86%；2004～2016年，科技活动人员占海洋科研机构从业人员的比例指标得分年增长率基本持平，2017年和2018年两年变动相对较大，2004～2019年该指标年均增长率为0.94%。

万名科研人员承担的课题数指标能够反映海洋科研人员从事海洋创新活动的强度，其年度变化呈现波动状态，2004～2019年的年均增长率为3.31%，2007年增长率最高，为19.63%。

第三节　海洋知识创造分指数分析

海洋知识创造是创新活动的直接产出，能够反映一个国家海洋领域的科研产出能力和知识传播能力。海洋知识创造分指数选取如下5个指标：①亿美元经济产出的发明专利申请数；②万名R&D人员的发明专利授权数；③本年出版科技著作（种）；④万名科研人员发表的科技论文数；⑤国外发表的论文数占总论文数的比例。通过以上指标论证我国海洋知识创造的能力和水平，既能反映科技成果产出效应，又综合考虑了发明专利、科技论文、科技著作等各种成果产出。

一、海洋知识创造分指数明显上升

从海洋知识创造分指数及其增长率来看，我国的海洋知识创造分指数在2004～2013年总体呈波动上升趋势，2014年有所下降，之后直至2017年保持稳定增长，2018年稍有回落。得分从2004年的100增长至2013年的306，年均增长率达13.25%；2014～2019年的年均增长率为6.18%，但2018年与2017年相比，得分稍有回落，2019年得分最高。

二、5个指标各有贡献

从海洋知识创造的5个指标的得分变化（图2-5）来看，亿美元经济产出的发明专利申请数指标波动幅度较大，2012～2013年增长较快，由183上升到352，年增长率为92.19%。

万名R&D人员的发明专利授权数指标在2004～2017年增长迅猛，得分由2004年的100增长至2017年的585；但2018年回落明显，降至446；2019年有所回升，增长至521；2004～2019年的年均增长率为11.63%，其中，2004～2013年呈波动上升趋势，2014～2015年迅速增长，得分由327上升到475，年增长率为45.23%；2016～2017年的增长幅度也较大，年增长率为18.60%。

2004～2019年，本年出版科技著作（种）指标呈现总体增长态势，年均增长率为12.33%。其中，2006～2007年与2008～2009年是该指标的快速上升阶段，也是其增长最快的两个阶段，年增长率分别为104.41%与65.56%；2010年以后，本年出版科技著作（种）指标得分波动上升，2014年有所下降，2015年开始上升，直至2019年得分最高，为572。

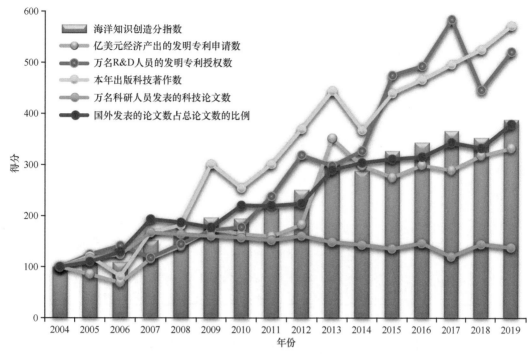

图 2-5　2004 ～ 2019 年海洋知识创造分指数及其指标得分变化

万名科研人员发表的科技论文数即平均每万名科研人员发表的科技论文数，反映了科学研究的产出效率。总体来看，该指标呈现波动状态，2004～2019年的年均增长率为2.17%，最高得分出现在2007年，为167，2019年为138。

国外发表的论文数占总论文数的比例是指一国发表的科技论文中国外发表论文所占的比例，反映了科技论文的国际化普及程度。2004～2019年，该指标得分增长相对较快，年均增长率为9.29%。

第四节　海洋创新绩效分指数分析

海洋创新绩效分指数选取如下5个指标：①有效发明专利产出效率；②第三产业增加值占海洋生产总值的比例；③海洋劳动生产率；④海洋生产总值占国内生产总值的比例；⑤单位能耗的海洋经济产出。通过以上指标，反映我国海洋创新活动所带来的效果和影响。

一、海洋创新绩效分指数平稳上升后略有下降

从海洋创新绩效分指数得分情况来看，我国的海洋创新绩效分指数从2004年的100增长至2018年的365，呈现平稳的增长态势，年均增长率为9.69%；但在2019年有所下降，为320。2015年增长率最高，为23.10%；2018年增长率为22.67%（表2-2）。

二、5 个指标变化趋势差异明显

有效发明专利产出效率是反映国家海洋创新产出能力与创新绩效水平的指标。总体来看，2004～2015年我国海洋有效发明专利产出效率呈现上升趋势，2016年稍有回落，2017～2018年增长显著。2004～2018年的年均增长率为17.26%。2019年呈现明显的下降趋势，得分回落到698

（图2-6），2004～2019年的年均增长率为13.83%。

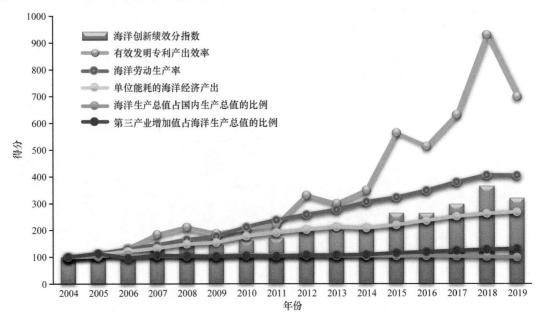

图 2-6　2004～2019 年海洋创新绩效分指数及其指标得分变化

第三产业增加值占海洋生产总值的比例能够反映海洋产业结构优化程度和海洋经济提质增效的动力性能。总体上看，该指标较为平稳，增长速度缓慢，2004～2019年的年均增长率为1.76%。

海洋劳动生产率是指海洋科技人员的人均海洋生产总值，反映海洋创新活动对海洋经济产出的作用。2004～2019年，海洋劳动生产率指标得分迅速增长，年均增长率为9.76%，是海洋创新绩效分指数5个指标中增长最稳定的指标，2017～2018年的年增长率为6.77%（图2-6）。

单位能耗的海洋经济产出指标采用万吨标准煤能源消耗的海洋生产总值，测度海洋创新活动对减少资源消耗的效果，也反映出一个国家海洋经济增长的集约化水平。2004～2019年，单位能耗的海洋经济产出指标得分增长迅速，年均增长率为6.77%，呈现较为稳定的增长态势。

海洋生产总值占国内生产总值的比例指标反映海洋经济对国民经济的贡献，用来测度海洋创新活动对海洋经济的推动作用，该指标得分近年来呈下降趋势，2019年得分仅为99。

第五节　海洋创新环境分指数分析

海洋创新环境包括创新过程中的硬环境和软环境，是提升我国海洋创新能力的重要基础和保障。海洋创新环境分指数反映一个国家海洋创新活动所依赖的外部环境，主要是制度创新和环境创新。海洋创新环境分指数选取如下4个指标：①沿海地区人均海洋生产总值；②R&D经费中设备购置费所占比例；③海洋科研机构科技活动收入中政府资金所占比例；④R&D人员人均折合全时工作量。

一、海洋创新环境逐渐改善

2004～2019年，海洋创新环境分指数总体上呈现稳步增长态势（图2-7），得分由2004年的100上升至2019年的216，年均增长率达5.26%，其中2007年的年增长率为15.17%，达到峰值，其次是2009年，年增长率为11.08%（表2-2），2018年增幅明显下降，年增长率仅为1.75%。总体上，海洋创新环境逐年改善。

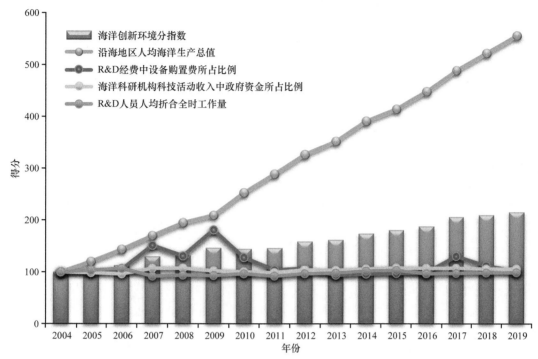

图2-7　2004～2019年海洋创新环境分指数及其指标得分变化

二、优势指标增长趋势显著，其他指标呈现小幅波动

海洋创新环境分指数的指标中，沿海地区人均海洋生产总值为优势指标，对海洋创新环境分指数的正向贡献最大，涨势明显，2004～2019年的年均增长率为12.12%，保持稳定上升趋势。

其他指标如R&D经费中设备购置费所占比例、海洋科研机构科技活动收入中政府资金所占比例和R&D人员人均折合全时工作量均存在小幅波动。R&D经费中设备购置费所占比例指标得分有一定的波动，总体呈下滑趋势，最高值出现在2009年，之后逐渐下降，由2009年的181下降至2019年的102。海洋科研机构科技活动收入中政府资金所占比例指标得分由2004年的100上升至2019年的106，虽有小幅波动，但整体呈现缓慢上升趋势，除2005年、2006年和2011年指标得分小于100外，其余年份得分均大于100。R&D人员人均折合全时工作量指标得分在100上下波动，最高为2006年的107，最低为2007年和2011年的92，变动较小。

第三章 区域海洋创新指数分析

区域海洋创新是国家海洋创新的重要组成部分，深刻影响着国家海洋创新的格局。本章从行政区域、五大经济区和三大海洋经济圈等区域角度分析海洋创新的发展现状和特点，为我国海洋创新格局的优化提供科技支撑和决策依据。

《推动共建丝绸之路经济带和21世纪海上丝绸之路的愿景与行动》提出"利用长三角、珠三角、海峡西岸、环渤海等经济区开放程度高、经济实力强、辐射带动作用大的优势"。从"一带一路"发展思路和我国沿海区域发展角度分析，我国沿海地区应积极优化海洋经济总体布局，实行优势互补、联合开发，充分发挥环渤海经济区、长江三角洲经济区、海峡西岸经济区、珠江三角洲经济区和环北部湾经济区5个经济区①（海洋经济区的界定见附录五）的引领作用，推进形成我国北部、东部和南部三大海洋经济圈（海洋经济圈的界定见附录五）。

从我国沿海省（自治区、直辖市）的区域海洋创新指数来看，2019年，我国11个沿海省（自治区、直辖市）可分为4个梯次：第一梯次为广东和山东；第二梯次为上海和江苏；第三梯次为海南、辽宁、浙江、福建和天津；第四梯次为广西和河北。

从5个经济区的区域海洋创新指数来看，2019年，区域海洋创新能力较强的地区为珠江三角洲经济区、长江三角洲经济区及海峡西岸经济区，这些地区均有区域创新中心，而且呈现多中心的发展格局。

从3个海洋经济圈的区域海洋创新指数来看，2019年，我国海洋经济圈呈现东部、南部较强而北部较弱的特点。南部海洋经济圈的区域海洋创新指数得分最高，东部海洋经济圈次之，北部海洋经济圈得分最低。

---

① 本次评价仅包括我国11个沿海省(自治区、直辖市)，不涉及香港、澳门和台湾。

第一节 沿海省（自治区、直辖市）海洋创新梯次分明

一、区域海洋创新指数得分梯次分明

根据2019年区域海洋创新指数得分（表3-1，图3-1），可将我国11个沿海省（自治区、直辖市）划分为4个梯次。其中，第一梯次的区域海洋创新指数得分超过50分，第二梯次的得分为40~50，第三梯次的得分为30~40，第四梯次的得分较低，为10~20，与其他梯次相比差距较大。

表 3-1 2019 年沿海省（自治区、直辖市）区域海洋创新指数及其分指数得分

沿海省（自治区、直辖市）	综合指数	分指数			
	区域海洋创新指数	海洋创新环境分指数	海洋创新资源分指数	海洋知识创造分指数	海洋创新绩效分指数
广东	66.60	55.47	67.26	89.18	53.16
山东	59.85	65.13	58.30	80.37	35.73
上海	49.20	84.30	34.10	31.74	54.36
江苏	48.94	28.73	59.82	48.51	53.74
海南	39.41	22.98	49.56	46.78	33.52
辽宁	35.28	9.32	44.93	50.24	31.50
浙江	34.25	34.49	18.93	46.97	42.31
福建	34.19	56.09	25.57	25.71	33.78
天津	32.43	46.22	30.37	29.11	25.39
广西	19.48	15.71	6.71	22.75	37.60
河北	12.84	7.40	17.30	20.13	4.34

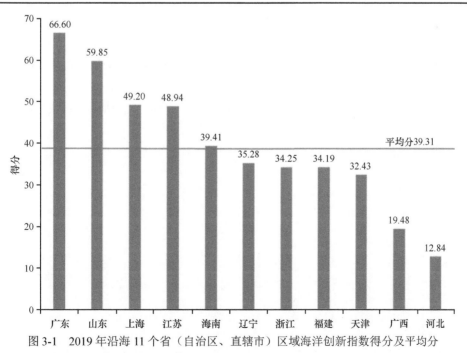

图 3-1 2019 年沿海 11 个省（自治区、直辖市）区域海洋创新指数得分及平均分

根据区域海洋创新指数得分，第一梯次是广东和山东，得分分别为66.60和59.85，分别相当于11个沿海省（自治区、直辖市）平均水平的1.69倍和1.52倍。广东位列第一位，从分指数来看，其海洋创新资源丰富，海洋知识创造水平高，海洋创新绩效显著，整体上海洋创新发展具备坚实的基

础。山东位列第二位，海洋创新基础雄厚，作为传统海洋大省长期以来积累了大量的创新资源，海洋知识创造能力较强，仅次于广东。但山东海洋创新绩效得分较低，可以从产业结构优化和经济转型升级等角度考虑提高海洋创新绩效。

第二梯次为上海和江苏，区域海洋创新指数得分分别为49.20和48.94，高于11个沿海省（自治区、直辖市）的平均分39.31。上海的海洋创新环境和海洋创新绩效分指数均位列第一，但其海洋创新资源分指数得分较低，主要表现为研究与发展人力投入强度较低，知识创造水平有待进一步提高。江苏的区域海洋创新指数得分位列第四位，其海洋创新资源和海洋创新绩效得分均比较高，但海洋创新环境条件亟待优化，知识创造水平有待进一步提高，主要表现为R&D经费中设备购置费所占比例和亿美元经济产出的发明专利申请数均较低。

第三梯次包括海南、辽宁、浙江、福建和天津，其区域海洋创新指数得分分别为39.41、35.28、34.25、34.19和32.43。其中，海南和辽宁的区域海洋创新指数得分分别位列第五位、第六位，两省的海洋创新环境依旧劣势明显。浙江位列第七位，其海洋创新绩效分指数得分较高，但海洋创新资源较为缺乏，主要表现为研究与发展人力投入强度较低。福建位列第八位，其海洋创新环境优势显著，但海洋创新资源分指数得分较低，主要表现为科技活动人员占海洋科研机构从业人员的比例较低。天津位列第九位，其海洋创新环境较为优越，海洋创新绩效还有待提高。

第四梯次为广西和河北，其区域海洋创新指数得分分别为19.48和12.84，明显低于平均水平。广西的海洋创新环境和海洋创新资源两个分指数得分均较低，拉低了其综合指数得分。河北的海洋创新环境和海洋创新绩效分指数得分均为最低，具体表现为沿海地区人均海洋生产总值和有效发明专利产出效率较低。

二、区域海洋创新分指数得分各具优势

从海洋创新环境分指数来看，2019年得分超过平均分的沿海省（直辖市）有上海、山东、福建、广东和天津（图3-2），其中上海、山东、福建和广东得分超过50分。上海得分为84.30，远高于其他地区，这得益于良好的政府科技投入环境和较高的沿海地区人均海洋生产总值；山东海洋创新环境分指数得分为65.13，其海洋科研机构科技活动收入中政府资金所占比例和R&D经费中设备购置费所占比例较高；福建得分为56.09，得益于较高的R&D经费中设备购置费所占比例和R&D人员人均折合全时工作量；广东海洋科研机构科技活动收入中政府资金所占比例较高，因此其海洋创新环境分指数得分较高，为55.47。

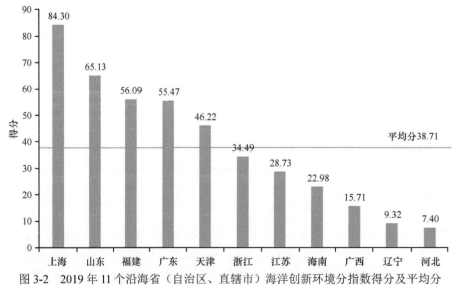

图 3-2　2019 年 11 个沿海省（自治区、直辖市）海洋创新环境分指数得分及平均分

从海洋创新资源分指数来看，2019年，得分超过平均分的沿海省有广东、江苏、山东、海南和辽宁（图3-3）。其中，广东海洋创新资源分指数得分为67.26，是唯一得分超过60分的沿海省，其研究与发展人力投入强度和科技活动人员占海洋科研机构从业人员的比例显著高于其他地区，海洋创新资源丰富。江苏和山东的海洋创新资源分指数得分均在50分以上。

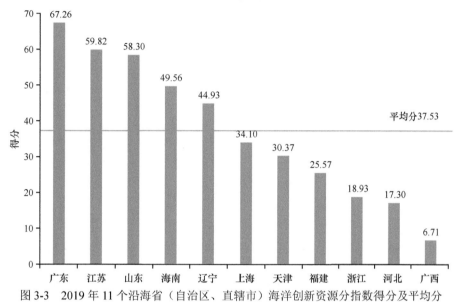

图 3-3　2019 年 11 个沿海省（自治区、直辖市）海洋创新资源分指数得分及平均分

从海洋知识创造分指数来看，2019年，得分超过平均分的沿海省为广东、山东、辽宁、江苏、浙江和海南（图3-4）。其中，广东和山东海洋知识创造分指数得分分别为89.18和80.37，远高于44.68的平均分，这与其较高的专利申请数和高产出、高质量的海洋科技论文密不可分；辽宁的海洋知识创造分指数得分为50.24，主要贡献来自较高的亿美元经济产出的发明专利申请数；江苏的海洋知识创造分指数得分为48.51，得益于较多的出版科技著作。

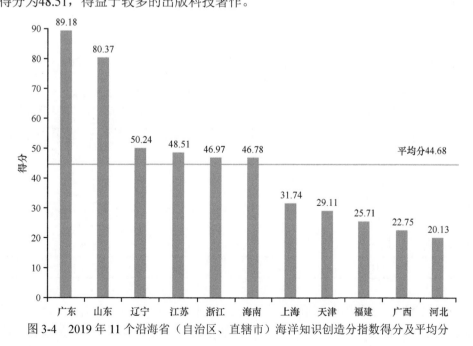

图 3-4　2019 年 11 个沿海省（自治区、直辖市）海洋知识创造分指数得分及平均分

从海洋创新绩效分指数来看，2019年，得分超过平均分的沿海省（自治区、直辖市）有上海、江苏、广东、浙江和广西（图3-5）。其中，上海、江苏和广东的海洋创新绩效分指数得分显著高于其他地区，分别为54.36、53.74和53.16。其中，上海海洋创新绩效分指数得分最高，主要得益于较高的单位能耗的海洋经济产出。

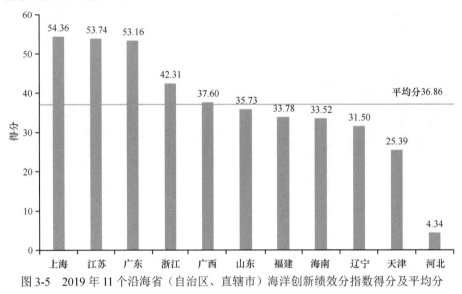

图 3-5　2019 年 11 个沿海省（自治区、直辖市）海洋创新绩效分指数得分及平均分

第二节　五大经济区海洋创新稳定发展

环渤海经济区、长江三角洲经济区、海峡西岸经济区、珠江三角洲经济区和环北部湾经济区 5 个经济区海洋创新稳定发展。

珠江三角洲经济区与香港、澳门两大特别行政区接壤，科技力量与人才资源雄厚，海洋资源丰富，是我国经济发展最快的地区之一。珠江三角洲经济区的区域海洋创新指数得分为66.27（表3-2），高于11个沿海省（自治区、直辖市）的平均水平，在5个经济区中位居首位。该经济区海洋创新环境优越、海洋创新资源密集、海洋创新绩效水平较高、海洋知识创造优势突出。

表 3-2　2019 年我国 5 个经济区区域海洋创新指数及其分指数得分

经济区	综合指数	分指数			
	区域海洋创新指数	海洋创新环境分指数	海洋创新资源分指数	海洋知识创造分指数	海洋创新绩效分指数
珠江三角洲经济区	66.27	55.47	67.26	89.18	53.16
长江三角洲经济区	44.83	49.17	37.62	42.41	50.14
海峡西岸经济区	35.28	56.09	25.57	25.71	33.78
环渤海经济区	34.74	32.02	37.73	44.96	24.24
环北部湾经济区	29.45	19.34	28.13	34.77	35.56
平均	42.11	42.42	39.26	47.40	39.37

长江三角洲经济区位于我国东部沿海、沿江地带交汇处，区位优势突出，经济实力雄厚。长江三角洲经济区以上海为核心，以技术型工业为主，技术力量雄厚、前景好、政府支持力度大、环境

优越、教育发展好、人才资源充足，是我国最具发展活力的沿海地区。2019年，长江三角洲经济区的区域海洋创新指数得分为44.83（表3-2），高于11个沿海省（自治区、直辖市）的平均水平，较为丰富的海洋创新资源和良好的海洋创新绩效为长江三角洲经济区海洋科技与经济发展创造了良好的条件，海洋创新成果突出。

海峡西岸经济区以福建为主体，包括周边地区，南北与珠江三角洲、长江三角洲两个经济区衔接，东与台湾、西与江西的广大内陆腹地贯通，是具备独特优势的地域经济综合体。2019年，海峡西岸经济区的区域海洋创新指数得分为35.28（表3-2），低于11个沿海省（自治区、直辖市）的平均水平。从分指数来看，海洋创新环境分指数得分高于平均水平，有着较好的发展潜质，但海洋知识创造分指数与海洋创新资源分指数水平较低，海洋创新发展能力有待进一步提升。

环渤海经济区是指环绕着渤海全部及黄海的部分沿岸地区所组成的广大经济区域，是我国东部的黄金海岸，具有相当完善的工业基础、丰富的自然资源、雄厚的科技力量和便捷的交通条件，在全国经济发展格局中占有举足轻重的地位。2019年，环渤海经济区的区域海洋创新指数得分为34.74（表3-2），低于11个沿海省（自治区、直辖市）的平均水平，海洋创新发展有进一步提升的空间。

环北部湾经济区地处华南经济圈、西南经济圈和东盟经济圈的结合部，是我国西部大开发地区中唯一的沿海区域，也是我国与东南亚国家联盟（简称"东盟"）既有海上通道又有陆地接壤的区域，区位优势明显，战略地位突出。环北部湾经济区的区域海洋创新指数得分为29.45（表3-2），在5个经济区中排名最末，与长江三角洲经济区及珠江三角洲经济区的差距较大。

第三节　三大海洋经济圈海洋创新排名波动

海洋经济圈包括北部、东部和南部三大海洋经济圈，其中北部海洋经济圈由辽东半岛、渤海湾和山东半岛沿岸及海域组成，主要行政单元包括辽宁、天津、河北和山东；东部海洋经济圈由上海、江苏、浙江沿岸及海域组成，主要行政单元有上海、江苏、浙江；南部海洋经济圈由福建、珠江口及其两翼、北部湾、海南岛沿岸及海域组成，拥有珠江三角洲地区较强科技成果转化能力[①]的重要优势，主要行政单元包括福建、广东、广西和海南。

根据三大海洋经济圈的海洋创新资源、海洋知识创造、海洋创新绩效和海洋创新环境的评价分析，2019年三大海洋经济圈及各沿海省（自治区、直辖市）的创新指数得分如表3-3所示。可以看出，南部海洋经济圈区域海洋创新指数得分最高，其次是东部海洋经济圈，最后是北部海洋经济圈（图3-6）。

表3-3　2019年我国三大海洋经济圈区域海洋创新指数与分指数得分

海洋经济圈	综合指数	分指数			
	区域海洋创新指数	海洋创新资源分指数	海洋知识创造分指数	海洋创新绩效分指数	海洋创新环境分指数
南部海洋经济圈	127.16	132.20	102.06	151.01	121.99
东部海洋经济圈	114.41	127.35	78.19	126.42	121.94
北部海洋经济圈	112.91	127.58	90.81	117.75	110.26

---

① 姜文仙, 张慧晴. 珠三角区域创新能力评价研究[J]. 科技管理研究, 2019, 39(8): 46-54.

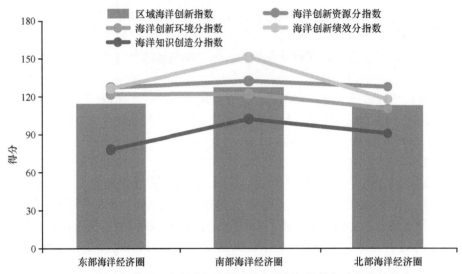

图 3-6　2019 年我国三大海洋经济圈区域海洋创新指数与分指数的得分

　　南部海洋经济圈2019年的区域海洋创新指数得分为127.16，在三大海洋经济圈中位居第一，且其4个分指数得分也分别在三大海洋经济圈中居于首位，展现了强劲的综合创新能力。4个分指数中，海洋创新绩效分指数得分尤为突出，充分说明该区域有极强的创新投入转化能力。其中，海洋创新绩效分指数和海洋创新环境分指数得分较高，分别为151.01和121.99，有较大的正贡献，说明较高的海洋创新绩效有效带动了区域海洋科技创新投入的转化，促进了海洋经济的健康发展。东部海洋经济圈2019年的区域海洋创新指数得分为114.41，居于三大海洋经济圈的中间位置。海洋创新资源和海洋创新绩效分指数得分分别为127.35和126.42，具有明显优势，突出的"万名科研人员承担的课题数"指标说明海洋创新资源对经济发展的促进作用较强，带动并促进创新投入转化。北部海洋经济圈2019年的区域海洋创新指数得分为112.91，居于三大海洋经济圈的最末位。海洋创新资源和海洋创新绩效分指数得分分别为127.58和117.75，丰富的海洋创新资源是该经济圈的突出优势，但海洋知识创造分指数得分较低，提升空间较大，这与海洋经济处于转型升级阶段密切相关。

第四章　我国海洋经济圈创新评价与"一带一路"协同发展研究

　　我国"十四五"规划对提升三大海洋经济圈发展水平及深化与周边国家涉海合作提出更高要求。在新的战略背景下，如何识别三大海洋经济圈的战略优势并将其最大化，以更好地发挥其经济功能之外的战略功能；三大海洋经济圈又如何对接"一带一路"，以输出改革成果，推动构建海洋命运共同体，增进海洋福祉成为急需探讨的重要课题。

　　本章首先构建区域海洋创新指数评价体系，分析我国三大海洋经济圈的海洋创新能力，结果呈现南部海洋经济圈创新能力最强、东部海洋经济圈次之、北部海洋经济圈较弱的特点。然后，运用双重差分模型验证分析"一带一路"倡议对我国三大海洋经济圈海洋创新能力提升的促进作用，结果表明倡议的政策作用具有显著性，尤其是对海洋创新绩效和海洋知识创造两类创新产出指标的促进作用明显。最后，根据三大海洋经济圈的创新特征、功能定位，结合其与"一带一路"的空间重合性和延伸性，提出三大海洋经济圈与"一带一路"的协同发展模式，为推动海洋经济融入国际国内双循环提供科技支撑。

第一节　概　　述

我国"十四五"规划指出"建设一批高质量海洋经济发展示范区和特色化海洋产业集群,全面提高北部、东部、南部三大海洋经济圈发展水平。以沿海经济带为支撑,深化与周边国家涉海合作"。海洋经济圈除了经济功能,更重要的是具有战略稳定、和平发展、国家安全、战略支点等功能,尤其是与"一带一路"倡议相联结,将起到输出改革成果的作用[1]。目前,我国北部、东部和南部三大海洋经济圈已基本形成[2],其地理区位与"一带一路"倡议具备空间重合性和延伸性。北部海洋经济圈连接东北亚和冰上丝绸之路,是我国北方地区对外开放的重要平台,肩负开放发展的重要责任,也是我国参与经济全球化的重要区域;东部海洋经济圈连接亚太和新亚欧大陆桥,肩负亚太国际门户和"一带一路"与长江经济带枢纽的重要责任;南部海洋经济圈面向东盟建设经济走廊,坐拥南海的广袤海域及其丰富的资源,是我国保护开发南海资源、维护国家海洋权益的重要基地。因此,在新的战略背景下,如何识别三大海洋经济圈的战略优势以突出其经济功能之外的战略功能,又如何使三大海洋经济圈的发展与"一带一路"相对接,进一步推动构建海洋命运共同体,增进海洋福祉成为急需探讨的重要课题。

党的十八大提出"实施创新驱动发展战略","十四五"规划又进一步强调"坚持创新驱动发展 全面塑造发展新优势""坚持创新在我国现代化建设全局中的核心地位,把科技自立自强作为国家发展的战略支撑"。在坚持陆海统筹,加快建设海洋强国的重要阶段,推进"一带一路"倡议中的海上丝绸之路进程成为我国加快建设海洋强国的基本路径,加快海洋科技创新步伐成为发展海洋经济和建设海洋强国的重要基础[3]。因此,创新驱动的内在发展新优势成为未来区域海洋经济发展的战略支撑所在。厘清区域海洋创新能力、把握三大海洋经济圈的战略定位是充分发挥海洋经济圈优势并推动构建海洋命运共同体、推进"一带一路"倡议实施的重要基础。基于此,客观评价区域海洋创新能力,分析"一带一路"倡议对我国三大海洋经济圈创新能力提升的促进作用,以挖掘创新驱动的区域海洋经济发展新优势,已成为目前亟待解决的问题。

近年来,我国区域创新能力评价集中于指标体系构建[4~7]、空间分布[8][9]与综合评价[10]研究,也有从区域创新影响因素[11]与作用机制[12]等方面着手的研究,还有区域创新能力发展的环境耦合协同效应分析[13],而鲜有基于战略视角和创新角度挖掘三大海洋经济圈的战略优势,并对接"一带一路"倡议开展政策促进作用的分析。因此,本章基于前述区域海洋创新指数评价体系的研究,通过评价三大海洋经济圈的区域海洋创新能力,识别其各自的战略优势,挖掘三大海洋经济圈各自支撑其战略发展的内在创新动力;并进一步运用双重差分模型分析"一带一路"倡议对海洋经济圈创新能力提升的促进作用,结合三大海洋经济圈与"一带一路"的空间关联性,研究构建我国三大海洋经济

① 张赛男. 三大海洋经济圈融入"一带一路"深圳上海建设全球海洋中心城市[N]. 21世纪经济报道, 2017-05-17 (006).
② 谢江珊. 海洋经济圈成为新增长点 上海、深圳又添新目标: 建全球海洋中心城市[J]. 建筑设计管理, 2017, (8): 37-38.
③ 金永明. 陆海统筹加快建设海洋强国[J]. 检察风云, 2018, (20): 28-29.
④ 李晓璇, 刘大海, 王春娟, 等. 区域海洋创新能力评估与影响因子分析[J]. 科技和产业, 2016, 16(8): 85-92.
⑤ 黄师平, 王晔. 国内外区域创新评价指标体系研究进展[J]. 科技与经济, 2018, 31(4): 11-15.
⑥ 王元地, 陈禹. 中国区域评价体系现状及问题探析[J]. 科技管理研究, 2017, 37(6): 65-71.
⑦ 易平涛, 李伟伟, 郭亚军. 基于指标特征分析的区域创新能力评价及实证[J]. 科研管理, 2016, 37(S1): 371-378.
⑧ 齐亚伟. 我国区域创新能力的评价及空间分布特征分析[J]. 工业技术经济, 2015, 34(4): 84-90.
⑨ 魏守华, 禚金吉, 何嫄. 区域创新能力的空间分布与变化趋势[J]. 科研管理, 2011, 32(4): 152-160.
⑩ 王建民, 王艳玲. 我国区域创新能力研究述评[J]. 经济问题探索, 2015, (12): 185-190.
⑪ 杨明海, 张红霞, 孙亚男, 等. 中国八大综合经济区科技创新能力的区域差距及其影响因素研究[J]. 数量经济技术经济研究, 2018, 35(4): 3-19.
⑫ 周密, 申婉君. 研发投入对区域创新能力作用机制研究——基于知识产权的实证证据[J]. 科学学与科学技术管理, 2018, 39(8): 26-39.
⑬ 袁宇翔, 梁龙武, 付智, 等. 区域创新能力发展的环境耦合协同效应[J]. 科技管理研究, 2017, (5): 16-21.

圈与"一带一路"的协同发展模式，推动海洋经济融入国际国内双循环，为我国未来区域海洋经济协调发展提供支撑。

第二节　评价指标体系构建与方法设定

一、评价指标体系构建与权重确定

创新是从提出创新概念到研发、知识产出再到商业化应用并转化为经济效益的完整过程。海洋创新能力体现在海洋科技知识的产生、流动和转化为经济效益的整个过程中。所以，应该从海洋创新环境、创新资源的投入、知识创造与应用、绩效影响等整个创新链的主要环节来构建指标，以评价国家海洋创新能力[1~3]。因此，本报告结合区域海洋创新能力评价的全面性与代表性，充分考虑数据的可获得性，选取代表海洋创新资源、海洋知识创造、海洋创新绩效和海洋创新环境[4]的18个重要指标构建区域海洋创新指数指标体系（表4-1）。

表 4-1　区域海洋创新指数指标体系

综合指数	分指数	分指数权重	指标	指标权重
区域海洋创新指数（a）	海洋创新资源分指数（b_1）	0.3178	1. 研究与发展经费投入强度（c_1）	0.0608
			2. 研究与发展人力投入强度（c_2）	0.0574
			3. R&D人员中博士毕业人员占比（c_3）	0.0519
			4. 科技活动人员数（c_4）	0.0431
			5. 科研人员承担的平均课题数（c_5）	0.0659
	海洋知识创造分指数（b_2）	0.2346	6. 亿美元经济产出的发明专利申请数（c_6）	0.0698
			7. 万名R&D人员的发明专利授权数（c_7）	0.0643
			8. 本年出版科技著作（种）（c_8）	0.0627
			9. 科技论文数（c_9）	0.0418
			10. 国外发表的论文数占总论文数的比例（c_{10}）	0.0634
	海洋创新绩效分指数（b_3）	0.2275	11. 海洋劳动生产率（c_{11}）	0.0509
			12. 科技活动人员平均有效发明专利数（c_{12}）	0.0584
			13. 单位能耗的海洋经济产出（c_{13}）	0.0500
			14. R&D人员发表论文平均工作量（c_{14}）	0.0558
	海洋创新环境分指数（b_4）	0.2201	15. 沿海地区人均海洋生产总值（c_{15}）	0.0505
			16. R&D经费中设备购置费所占比例（c_{16}）	0.0528
			17. 海洋科研机构科技经费筹集额中政府资金（c_{17}）	0.0504
			18. R&D人员人均折合全时工作量（c_{18}）	0.0503

本章采用熵值法[5]确定指标权重之前，为消除指标原始值的计量单位差异、指标数量级和相对数形式差别等对多指标综合评价的影响，首先对原始数据进行归一化处理，然后对各指标和分指数进行赋权，得到相应权重，如表4-1所示。

---

[1] 刘大海, 何广顺, 王春娟. 国家海洋创新指数报告2020[M]. 北京: 科学出版社, 2021.
[2] 徐孟, 刘大海, 李森, 等. 中国涉海城市海洋创新能力测度与评价[J]. 科技和产业, 2019, 19(1): 50-57.
[3] 刘大海, 王春娟, 王玺媛. 自然资源科技创新评价体系与指数构建[J]. 中国土地, 2019, (8): 24-26.
[4] 宋卫国, 朱迎春, 徐光耀, 等. 国家创新指数与国际同类评价量化比较[J]. 中国科技论坛, 2014, (7): 5-9, 55.
[5] 何佳玲, 谢萍, 王静. 基于熵值法的云南省生态经济可持续发展质量综合评价[J]. 云南农业大学学报(社会科学), 2020, 14(5): 112-118.

二、海洋创新评价方法设定与数据来源

为遵从数据规律及其自身特征，这里以熵值法为主要测算方法评价三大海洋经济圈创新能力。考虑到数据的权威性和可获取性，主要从国家公开出版的《中国海洋统计年鉴》（2014~2017年）、《中国海洋经济统计公报》（2014~2020年）、科技部海洋科技统计成果（2014~2020年）和国家科技成果中收集相关数据。以沿海11个省（自治区、直辖市）为基本研究单元，数据未包含香港、澳门和台湾。

三、"一带一路"倡议政策效果评价的双重差分模型

1）双重差分模型

为研究三大海洋经济圈与"一带一路"协同发展模式，首先要探究"一带一路"倡议是否显著促进了三大海洋经济圈海洋创新能力的提升，最直接的方法是比较三大海洋经济圈在倡议提出前后的海洋创新能力的差异，但这一差异除了受到"一带一路"倡议影响，还可能受到一些随时间变化的因素的影响。因此，为了剔除其他因素的干扰，本章采用双重差分的方法[1][2]来对"一带一路"的政策效果进行评价。

$$\text{Innovation}_{i,t} = \beta_0 + \beta_1 \text{treat} \times \text{post} + \beta_2 \text{Controls}_{i,t} + \gamma_t + \varepsilon_{i,t} \qquad (4\text{-}1)$$

式中，$\text{Innovation}_{i,t}$为省（自治区、直辖市）i在t年的海洋创新能力，采用海洋创新指标体系进行评价。treat为划分处理组和对照组的虚拟变量。2015年3月，发展改革委、外交部、商务部联合发布了《推动共建丝绸之路经济带和21世纪海上丝绸之路的愿景与行动》，圈定了"一带一路"沿线省（自治区、直辖市），在沿海11个省（自治区、直辖市）中辽宁、广西、上海、福建、浙江、广东和海南位列其中；并提出加强港口城市建设，其中包含天津、青岛、烟台等。另外，2014年12月，国家对江苏"一带一路"交汇点建设提出了明确的要求。基于以上背景，将三大海洋经济圈所涉及的除河北以外的10个行政单元设为处理组，即treat取值为1，其余取值为0。post为时间虚拟变量。2017年5月，《全国海洋经济发展"十三五"规划（公开版）》指出"北部、东部和南部三个海洋经济圈基本形成"，且该规划多次提及要求北部、东部和南部三大海洋经济圈加强与"一带一路"倡议的合作，明确战略地位和发展方向。基于此，加以考虑政策滞后性，本报告将2018年及以后的时间虚拟变量post取值为1，将2018年以前的时间虚拟变量取值为0。通过构建交互项treat×post来衡量"一带一路"倡议对于海洋创新能力的影响效应系数，即β_0为截距项。$\text{Controls}_{i,t}$为一系列控制变量，包括海洋生产总值、科技活动收入、R&D经费内部支出、R&D人员、R&D经费、科研课题数、涉海就业人员，β_1、β_0为截距项，β_2为系数。根据模型，控制了年度固定效应（γ_t）并对所有回归系数的标准差在三大海洋经济圈层面进行了"聚类"处理。$\varepsilon_{i,t}$为随机误差项。

2）模型稳健性检验

双重差分的前提假设是，在倡议提出前处理组和对照组的变化趋势是一致的。为此，本研究对处理组和对照组的变化趋势进行考查，用以检验模型的稳健性，设定如下：

$$\text{Innovation}_{i,t} = \theta_0 + \theta_1 \text{treat} \times \text{post}_{t-4} + \theta_2 \text{treat} \times \text{post}_{t-2} + \theta_3 \text{treat} \times \text{post}_t$$
$$+ \theta_4 \text{treat} \times \text{post}_{t+1} + \theta_5 \text{Controls}_{i,t} + \gamma_t + \varepsilon_{i,t} \qquad (4\text{-}2)$$

式中，$\text{Innovation}_{i,t}$为区域海洋创新指数；post_{t-4}、post_{t-2}和post_{t+1}分别为《全国海洋经济发展"十三五"规划（公开版）》提出要求北部、东部和南部三大海洋经济圈加强与"一带一路"倡议

① 卢子宸, 高汉. "一带一路"科技创新合作促进城市产业升级——基于PSM-DID方法的实证研究[J]. 科技管理研究, 2020, 40(5): 130-138.
② 许红梅, 李春涛. 社保费征管与企业避税——来自《社会保险法》实施的准自然实验证据[J]. 经济研究, 2020, (6): 122-137.

合作前4年、前2年和后1年的虚拟变量。

第三节　海洋创新趋势与"一带一路"政策作用实证分析

一、三大海洋经济圈区域海洋创新指数变化趋势分析

首先测算2013～2019年三大海洋经济圈区域海洋创新指数，如图4-1所示，三大海洋经济圈区域海洋创新指数得分均呈明显上升趋势。从2013年到2019年，三大海洋经济圈的区域海洋创新能力有了较大的提升。从2014年起，三大海洋经济圈海洋创新能力均有着较为强劲的发展。2013～2015年，三大海洋经济圈区域海洋创新指数得分排名一致，依次为东部、南部和北部；2016年，排名发生变化，依次是南部、东部和北部。可见，近年来北部海洋经济圈相对落后，而南部海洋经济圈迅速崛起。

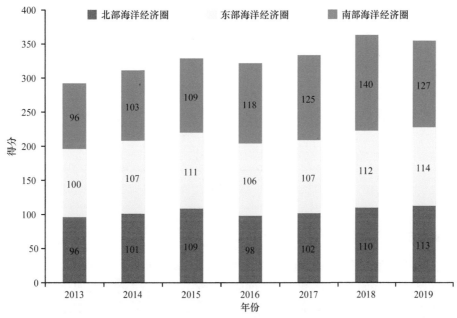

图 4-1　2013～2019 年中国三大海洋经济圈区域海洋创新指数得分

三大海洋经济圈区域海洋创新发展影响指标各具特征。其中，南部海洋经济圈海洋创新能力提升最为显著，2013～2018年区域海洋创新指数逐年提升，2019年略有回落。2016年南部海洋经济圈已成为三大海洋经济圈之首且延续至今，这主要得益于海洋创新资源和海洋知识创造分指数得分有了较大的提升，其中"万名科研人员承担的课题数"和"万名R&D人员的发明专利授权数"指标做出了较大贡献。东部海洋经济圈海洋创新能力整体而言呈波动上升趋势，其海洋创新资源分指数得分增长最为明显，其中"科研人员承担的平均课题数"指标有较大提升；北部海洋经济圈区域海洋创新指数得分2016年有所回落，之后逐年增长，海洋创新资源分指数得分增长最为显著。

二、"一带一路"政策作用的双重差分模型分析

1. 政策作用的基准回归模型检验

根据双重差分模型的回归结果（表4-2），"一带一路"倡议的提出显著提升了三大海洋经济

圈的海洋创新能力。将海洋创新能力分解为海洋创新绩效、海洋知识创造、海洋创新环境和海洋创新资源4个方面分别进行回归，结果如表4-2所示。实证结果表明，"一带一路"倡议的提出显著促进了三大海洋经济圈海洋创新绩效、海洋知识创造和海洋创新资源的提升，其中对海洋创新绩效和海洋知识创造两类创新产出指标的促进作用尤其明显，表明"一带一路"倡议提出后，三大海洋经济圈沿海省（自治区、直辖市）发挥其创新优势，抓住机遇，加强合作，利用其与周边国家的地理区位重合性与延伸性，输出改革成果，有效提升了其创新产出。

表 4-2　"一带一路"倡议对海洋创新能力的影响

变量名称	Innovation	海洋创新绩效	海洋知识创造	海洋创新环境	海洋创新资源
treat	−1.512	0.535	−56.38*	91.37*	−29.85**
	(6.957)	(17.58)	(17.02)	(23.70)	(4.270)
post	−34.37**	−74.10**	−61.40**	3.085	−12.47*
	(6.785)	(11.56)	(12.79)	(17.53)	(4.035)
treat×post	25.34*	55.47*	65.75***	−26.61	10.67*
	(6.246)	(18.83)	(6.209)	(13.78)	(2.942)
Constant	−159.4*	−224.5*	−226.6**	−204.4	−23.71
	(39.50)	(74.64)	(32.90)	(91.56)	(28.54)
控制变量	控制	控制	控制	控制	控制
年度固定效应	控制	控制	控制	控制	控制
观测值个数	75	75	75	75	75
R-squared	0.793	0.548	0.709	0.534	0.930

注：所有回归均采用三大海洋经济圈层面聚类分析的稳健性标准差（括号内的值），*、**、***分别表示在10%、5%、1%的水平上显著，下文同

2. 模型稳健性检验

根据模型，对"一带一路"倡议对三大海洋经济圈海洋创新能力影响的平行趋势进行检验，结果见表4-3。可以发现，treat×post$_{t-4}$和treat×post$_{t-2}$的估计系数不显著，说明在《全国海洋经济发展"十三五"规划（公开版）》提出要求北部、东部和南部三大海洋经济圈加强与"一带一路"倡议的合作之前，受倡议影响和不受倡议影响的省（自治区、直辖市）的变化趋势是一致的，不存在显著差异。因此，样本通过了平行趋势检验，可以判断模型具有稳健性。实证检验了"一带一路"通过倡议创新与合作理念，构建海洋创新区域科技合作模式，促进了三大海洋经济圈的创新能力提升，为与沿线国家开展海洋科技合作提供了科技支撑，促进协同发展模式更加合理化。

表 4-3　平行趋势检验

变量名称	Innovation
treat×post$_{t-4}$	−7.040
	(13.95)
treat×post$_{t-2}$	−1.289
	(11.07)
treat×post$_t$	29.36**
	(13.98)

续表

变量名称	Innovation
treat×post$_{t+1}$	−3.462
	（15.62）
Constant	−165.2***
	（31.03）
控制变量	控制
年度固定效应	控制
观测值个数	75
R-squared	0.794

第四节　三大海洋经济圈与"一带一路"协同发展模式构建

"一带一路"倡议的提出促进了三大海洋经济圈的快速形成和海洋创新能力的显著提升，本节基于三大海洋经济圈区域创新能力特征及其与"一带一路"的空间关联性[①]，结合区位优势与"一带一路"特征，提出三大海洋经济圈与"一带一路"协同发展模式，使中国与沿线国家的海洋经济合作更加紧密，扬长补短，实现协同发展。

一、三大海洋经济圈与"一带一路"的空间关联性分析

分析三大海洋经济圈的功能定位及其与"一带一路"的空间关联性，综合各海洋经济圈的海洋经济特征和海洋创新优势，分析提出协同发展模式，具体如表4-4所示。

表4-4　三大海洋经济圈与"一带一路"的空间关联性及其协同发展模式分析

三大海洋经济圈	功能定位	与"一带一路"的空间关联性	海洋经济特征	海洋创新优势	协同发展模式
南部海洋经济圈	①战略地位突出；②维护国家海洋权益的重要基地	①古代海上丝绸之路重要起点和发祥地；②21世纪海上丝绸之路核心区	①海域辽阔、资源丰富；②海洋经济发展水平高，产业布局合理	①海洋创新能力突出，创新投入转化能力强劲；②海洋创新增长极明显	①新旧丝绸之路协同发展；②海洋创新增长极带动区域经济协同发展
东部海洋经济圈	①参与经济全球化的重要区域；②亚太地区重要的国际门户	①"一带一路"建设与长江经济带发展战略的交会区域；②东与陆地联通，西与太平洋联通	①港口航运体系完善；②海洋经济外向型程度高	①海洋创新绩效和海洋创新环境优势明显，带动并促进创新投入转化；②海洋创新起点高，海洋经济高质量发展层次高	①东西互通、陆海联动、区域协同发展；②海洋经济与创新高起点高质量协同发展
北部海洋经济圈	①北方地区对外开放的重要平台；②制造业输出的发力区域	①连通"冰上丝绸之路"；②"一带一路"建设与黄河生态带的交会区域	①海洋经济发展基础雄厚；②海洋科研教育优势突出	①海洋创新资源和海洋创新环境具备优势；②全国海洋科技创新与技术研发基地	①"冰上丝绸之路"与黄河生态带协同发展；②海洋创新推动产业转型升级，提质增效协同创新

南部海洋经济圈面向南海，海域辽阔，战略地位突出，是维护国家海洋权益的重要基地，海洋创新能力突出，创新投入转化能力强劲，海洋经济发展水平较高，其中作为经济圈的海洋创新增长极[②]的广东海洋创新能力居全国11个沿海省（自治区、直辖市）首位。福建沿岸及海域是两岸交流

① 朱永凤, 王子龙, 张志雯, 等. "一带一路"沿线国家创新能力的空间溢出效应[J]. 中国科技论坛, 2019, 277(5): 176-185.
② 张丽佳, 侯红明, 李宏荣. 长三角、珠三角、环渤海区域创新能力与政策比较研究[J]. 科技管理研究, 2013, (18): 14-18.

合作先行先试区域，是服务周边地区发展新的对外开放综合通道，是该经济圈与"一带一路"空间关联的核心区域，既是古代海上丝绸之路的重要起点和发祥地，又是21世纪海上丝绸之路核心区，其贸易规模持续扩大，发展动力强劲。珠江口及其两翼沿岸是中国海洋经济国际竞争力的核心区和推进海洋综合管理的先行区，《中共中央 国务院关于支持深圳建设中国特色社会主义先行示范区的意见》支持深圳加快建设全球海洋中心城市，而深圳也具备建设"全球海洋中心城市"的优势。北部湾沿岸及海域是中国—东盟开放合作的物流、商贸、先进制造业基地和重要的国际区域经济合作区。海南岛沿岸及海域是南海资源开发与服务基地，也是国际经济合作和文化交流的重要平台，作为"海上丝绸之路"从东南沿海到东南亚"商贸枢纽"的海口，当下依托"生态环境、经济特区、国际旅游岛"向21世纪海上丝绸之路战略支点地区、大南海开发区域中心地区逐步迈进。

东部海洋经济圈是亚太地区重要的国际门户，是"一带一路"建设与长江经济带发展战略的交会区域，东与陆地联通，西与太平洋连通，是陆海连通、江海连通的重要汇聚点。该经济圈也是我国参与经济全球化的重要区域，区域海洋创新能力位居第二，海洋经济外向型程度高，其具有全球影响力的先进制造业基地和现代服务业基地。上海沿岸及海域是国际经济、金融、贸易、航运中心。连接亚太和新亚欧大陆桥，通往亚太地区的便利和密集完善的港口航运体系，使该经济圈外向型海洋经济发展模式成为我国快速适应经济全球化的重要抓手。江苏和浙江沿岸及海域分别是我国重要的综合交通枢纽、沿海新型的工业基地和海洋海岛开发开放改革示范区、现代海洋产业发展示范区、海陆协调发展示范区、海洋生态文明示范区。较强的区域海洋创新能力使海洋经济发展处于高起点位置。海洋创新绩效和海洋创新环境优势明显，带动并促进创新投入转化，推动海洋经济向高质量高层次发展。

北部海洋经济圈立足于北方经济，发展基础雄厚，是我国北方地区对外开放的重要平台，也是"一带一路"建设与黄河生态带交会的枢纽地区，通过东北亚地区连通"冰上丝绸之路"。作为制造业输出的发力区域，该圈海洋经济发展基础雄厚，具备丰富的海洋创新资源和优越的海洋创新环境，加上海洋科研教育优势突出，成为全国科技创新与技术研发基地。圈内海洋创新能力最强的山东半岛拥有具有较强国际竞争力的现代海洋产业集聚区、世界先进水平的海洋科技教育核心区、海洋经济改革开放先行区和重要的海洋生态文明示范区，辽宁沿岸海域是东北亚重要的国际航运中心、先进装备制造业和新型原材料基地，而渤海湾沿岸的天津和河北是全国现代服务业、先进制造业、高新技术产业和战略性新兴产业基地，海洋创新促进海洋经济提质增效和产业转型升级优势突出。

二、三大海洋经济圈与"一带一路"协同发展模式

1. 南部海洋经济圈与"新旧丝绸之路"优势互补、开放合作协同

南部海洋经济圈的海洋创新定位与区域协作发展相一致，"新旧丝绸之路"优势互补，海洋创新增长极优势突出，带动圈内区域向多方位开放合作的协同发展模式迈进，西向建设东盟经济走廊，南向维护国家海洋权益。该圈海洋产业布局相对均衡，部分海洋产业聚集发展趋势明显，区域优势发挥充分，需要合理配置区域内海洋科技资源，带动整个海峡西岸、北部湾及海南岛沿岸协同创新。深入挖掘福建作为古丝绸之路发祥地的历史底蕴和新丝绸之路建设平台枢纽与核心区的新功能，充分结合广东作为海洋科技创新和成果高效转化集聚区、广西作为中国—东盟经济开放国际合作区、海南作为国际经济合作和文化交流平台的优势，构建古丝绸之路经验模式和新丝绸之路增长模式相互促进的创新先行机制，快速推进海洋科技创新成果转化，加快培育海洋经济发展新动能，建设提升中国海洋国际竞争力的核心区和海洋强国建设的引领区。

南部海洋经济圈面向东盟十国，在与"一带一路"协同发展中地理位置优越，在经贸、金融、基建等领域均占优势，使得中国与东盟合作成为海洋领域合作的重点。例如，与新加坡开展海洋合作，使"21世纪海上丝绸之路"中经东南亚、南亚后穿越印度洋的路线更加顺畅；与南亚的巴基斯坦和斯里兰卡常年保持友好关系，在海洋领域合作成果丰富，海洋领域合作上升稳定，形势良好。中国可与东盟建设海洋经济合作区，协同提高南部海洋经济圈的海洋知识创造水平。通过集中力量、整合资源，搭建与"一带一路"沿线国家和地区海洋经贸合作互联互通前沿平台，引领中南半岛经济走廊、中巴和孟中印缅经济走廊的海洋创新协同发展，在构建亚太海洋服务中心方面发挥主导作用，推动"21世纪海上丝绸之路"建设向高质量发展走深走实。

2. 东部海洋经济圈与"一带一路"东西互通、陆海联动协同

东部海洋经济圈区域海洋创新定位与外向型海洋经济发展模式相一致，与"一带一路"东西互通，以经济高起点、高质量、高层次的陆海联动协同发展模式为主。具有较高创新能力的上海市以打造开放式的国际领先的"全球海洋创新中心"[①]为目标，带动加快海洋科技向创新引领型转变。该圈具有面向宽阔海域的区位特征，海洋创新环境优越、海洋创新绩效显著，同时具备区域海洋创新优势、枢纽功能和外向型海洋经济的特征。海洋创新协同发展模式注重产出高质量科研成果和推动高层次高端化海洋科技发展，促进江苏、上海、浙江三省（直辖市）联动，以上海优越的海洋创新环境为基础，共享并充分利用江苏的区域海洋创新资源，进一步挖掘浙江的海洋知识创造能力，打破区域海洋经济发展的行政壁垒，促进区域间创新资源的互相流动。东部海洋经济圈连接亚太地区和新亚欧大陆桥的重要区位优势驱动其与东西各国合作潜力与动能的释放，将战略性成果通过新亚欧大陆桥往西传递；占据长江经济带枢纽位置的优势使该圈更易实现江海联动的区域经济一体化发展。

3. 北部海洋经济圈与"冰上丝绸之路"南北连通、与黄河经济带河海联动协同

北部海洋经济圈区域海洋创新定位与战略性新兴产业发展模式相一致，与"冰上丝绸之路"南北连通，与黄河经济带河海联动，虽创新能力稍弱，但四省（直辖市）均衡发展，区域联动提质增效，海洋科教资源优势推动海洋产业转型升级、海洋经济提质增效协同创新。海洋创新能力居于首位的山东，是中国历史上与海外交往的东方门户，也是古代史上著名的北方海上丝绸之路的起点，有着悠久且雄厚的海洋科技力量，目前拥有国家级海洋科学实验室，海洋科技教育达到世界先进水平，现代海洋产业和海洋生态文明建设均具备良好的发展势头，带动天津、河北与辽宁等联动，合理配置与利用海洋科技资源，推动海洋创新重大科技成果产出，以创新引领型海洋科技理念培育完善海洋产业链条，提高创新投入转化效果，提升海洋创新绩效，打造立足东北亚、服务"一带一路"建设的核心枢纽。天津主要从海洋知识创造能力方面着手提高海洋创新能力，整合并优化港口资源配置，充分利用自由贸易试验区建设的较强优势，加快推进北方国际航运核心区建设，快速提升现代航运服务业发展。另外，山东和河北可抓住自由贸易区设立的重要契机，与辽宁联动合作，共同发挥北方对外开放重要门户的优势，促进海洋经济的开放合作，推动海洋创新的北方区域联动与协同发展。

北部海洋经济圈通过"北极航道"连接俄罗斯和北欧，可充分发挥其海洋创新资源优势，持续稳定地增强与俄罗斯等北部国家的海洋合作，积极开展北极航道合作，共同促进海洋产业转型升级并提升创新成果转化能力，推进"冰上丝绸之路"的建设与运行。

---

① 张赛男. 三大海洋经济圈融入"一带一路"深圳上海建设全球海洋中心城市[N]. 21世纪经济报道, 2017-05-17(006).

第五节　三大海洋经济圈与"一带一路"协同发展对策建议

国家"十四五"规划对提升三大海洋经济圈发展水平及深化与周边国家涉海合作提出更高要求。本章首先从创新角度出发，构建区域海洋创新指数评价体系，评价三大海洋经济圈创新能力，挖掘区域海洋创新发展优势。研究表明，南部海洋经济圈海洋创新能力突出，为三大海洋经济圈之首，海洋创新投入转化能力强劲且创新增长极明显；东部海洋经济圈海洋创新绩效和海洋创新环境优势明显，带动并促进创新投入转化，创新起点较高，带动海洋经济的高质量发展；作为海洋科技创新与技术研发基地的北部海洋经济圈，海洋创新资源和海洋创新环境具备优势，创新对促进海洋经济高质量发展做出了重要贡献。然后，运用双重差分模型探索"一带一路"倡议对三大海洋经济圈海洋创新能力提升的促进作用，结果表明倡议的政策作用具有显著性，尤其是对海洋创新绩效和海洋知识创造两类创新产出指标的促进作用明显。最后，根据三大海洋经济圈与"一带一路"的空间关联性，结合倡议的促进作用和三大海洋经济圈的海洋创新指数评价结果，提出三大海洋经济圈与"一带一路"协同发展模式，打造三大海洋经济圈与"一带一路"协同发展的国内国际双循环的经济发展新格局。

基于三大海洋经济圈与"一带一路"的协同发展模式，本章提出如下政策建议：第一，南部海洋经济圈创新增长极带动区域协同，充分发挥福建古丝绸之路发祥地优势、海南商贸枢纽优势和广东珠江三角洲区域发展重要增长极的创新优势[①]，合理配置并充分利用区域内海洋科技资源，带动整个海峡西岸、北部湾及海南岛沿岸协同创新，西向推进中国—东盟区域经济走廊与海洋创新协同发展，南向注重海洋权益维护、海洋资源开发、海洋环境保护与海洋创新的协同发展。第二，东部海洋经济圈三省（直辖市）优势齐发，江海联动西通，陆海统筹东进，充分发挥连接亚太地区和新亚欧大陆桥的优势，打破区域海洋经济发展的行政壁垒，促进区域间创新资源的互相流动，将战略性成果通过新亚欧大陆桥往西传递，实现江海联动，通过亚太国际门户港口航运体系向东传递，实现陆海统筹。第三，北部海洋经济圈四省（直辖市）均衡发展，协同东北亚推动"冰上丝绸之路"建设，充分发挥海洋科教资源优势和自由贸易试验区优势等，四省（直辖市）协同联动，推动海洋产业向海洋高新技术和战略性新兴产业转型升级，推进东北亚国际航运中心与"冰上丝绸之路"大海洋交通枢纽快速形成，促进北极航道建设与海洋经济提质增效协同共进。

---

① 姜文仙, 张慧晴. 珠三角区域创新能力评价研究[J]. 科技管理研究, 2019, 39(8): 46-54.

第五章 我国海洋创新与经济高质量发展关系的定量分析

海洋科技创新影响海洋经济发展方式,并且与海洋经济实现高质量发展间具有重要关系。本章采用协整理论评价方式,探究我国海洋科技创新与海洋经济发展、海洋产业转型升级之间的长期均衡与短期动态关系。

针对国内科技创新与产业结构、经济发展相关关系方面开展研究,综合分析海洋科技创新对于推进海洋产业转型升级、壮大我国海洋经济实力、加快"向海洋进军"进程的突出现实意义。

从海洋科技创新、海洋产业结构、海洋经济规模三方面分别选取指标,基于2004~2018年相关数据,运用自回归分布滞后(auto-regressive distributed lag,ARDL)模型,分析我国海洋科技创新与海洋经济发展、海洋产业转型升级之间的协整关系。此外,结合格兰杰因果关系检验进行深入讨论,探究我国海洋科技创新与经济高质量发展间的因果关系。

研究发现,海洋科技创新投入和产出的增加能够提高海洋生产总值,海洋产业结构转型升级对海洋经济发展有正向推动作用,海洋经济发展也是海洋科技创新、海洋产业结构转型升级的格兰杰原因。而相比海洋科技创新投入,当前海洋科技创新产出对海洋产业转型升级的作用相对较小。据此,提出贯彻海洋创新驱动发展战略、加快科技成果转化的同时兼顾海洋生态文明建设等政策建议。

第一节　概　　述

海洋在我国的国家战略地位日渐突出，发展海洋经济、海洋科研是推动我们强国战略很重要的一个方面，一定要抓好。《关于发展海洋经济 加快建设海洋强国工作情况的报告》也提到"要着力改变海洋经济粗放发展的现状，走高质量发展之路，进一步提高海洋开发能力，优化海洋产业结构，构建现代海洋产业体系""牢牢掌握海洋科技发展主动权，着力推动海洋科技向创新引领型转变"，强调海洋科技创新对于海洋产业结构优化、海洋经济快速健康发展发挥着驱动性和建设性作用。

目前国内专家学者针对科技创新与产业结构、经济发展的相关关系方面开展了相关研究。从研究范围上看，广东科技创新转化效率与经济增长之间不具备长期稳定的均衡关系[1]，湖南科技创新和产业结构之间存在长期协整关系，但科技创新对产业结构的影响具有时滞性[2]；长江经济带科技创新可有效促进沿线城市绿色全要素生产率提升，科技创新、对外开放、经济高质量发展之间的关系表现出显著的空间异质性[3]。从研究方法上看，海洋绿色Malmquist指数可作为判断中国11个沿海省（自治区、直辖市）海洋全要素生产率增长率的重要标杆[4]；海洋经济转型评价指标体系和空间杜宾模型可用来分析11个沿海省（自治区、直辖市）海洋经济转型空间性和趋势发展[5]；因子分析、协整检验和VAR模型作为中国GDP与科技创新成果存在协整关系且互为因果判断的重要标准[6]；三阶段DEA方法与空间面板模型能够有效测度11个沿海省（自治区、直辖市）海洋科技创新对海洋经济增长的效率[7]。可见，多方法、多角度探究海洋科技创新与海洋经济高质量发展之间的量化互动关系，深入分析海洋科技创新如何推进海洋产业转型升级、进而拉动海洋经济发展，对于壮大我国海洋经济实力、加快"向海洋进军"的进程具有突出的现实意义。

第二节　数据来源与研究方法

一、变量建立与数据来源

针对海洋经济高质量发展，选取海洋经济规模和海洋产业结构两个子系统进行表征。海洋经济规模代表海洋经济的发展体量，用海洋生产总值衡量，海洋生产总值越大，海洋经济发展体量就越大，这一子系统在"数量"上测度我国海洋经济发展。海洋产业结构子系统具体可分为产业转型和产业升级两方面，产业转型指传统的第二产业改变粗放生产方式、提高生产效率或转型为第三产业，产业升级用来说明海洋高科技产业、新兴产业的发展；这里采用海洋第三产业产值与第二产业产值之比衡量海洋产业转型效果，用海洋第三产业产值增长率衡量我国海洋产业升级效果，这一子系统是对海洋经济发展"质量"的测度，海洋经济高质量发展既体现"数量"的增加，又代表"质量"上的提升。

海洋科技创新包含海洋科技创新投入和海洋科技创新产出两个变量，其中，海洋科技创新投入为"研究与发展经费投入强度""研究与发展人力投入强度"两指标得分之和；海洋科技创新产出

① 吴二娇. 科技创新对经济增长影响的协整分析——以广东省为例[J]. 沈阳工业大学学报(社会科学版), 2011, 1(4-1): 61-65.
② 周忠民. 湖南省科技创新对产业转型升级的影响[J]. 经济地理, 2016, 36(5): 115-120.
③ 吴传清, 邓明亮. 科技创新、对外开放与长江经济带高质量发展[J]. 科技进步与对策, 2019, 36(3): 33-41.
④ 胡晓珍. 中国海洋经济绿色全要素生产率区域增长差异及收敛性分析[J]. 统计与决策, 2018, 34(17): 137-140.
⑤ 韵楠楠, 李博. 中国海洋经济转型评价及影响机制[J]. 资源开发与市场, 2019, 35(6): 832-838.
⑥ 刘锋, 逯宇铎, 于娇. 中国科技创新产出与经济增长的协整分析[J]. 科技管理研究, 2014, (17): 5-12.
⑦ 吴梵, 高强, 刘韬. 海洋科技创新对海洋经济增长的效率测度[J]. 统计与决策, 2019, (23): 119-122.

为"万名R&D人员的发明专利授权数""本年出版科技著作（种）""万名科研人员发表的科技论文数"三指标得分之和。这里选取2004～2018年数据为样本，分析海洋科技创新、海洋产业结构和海洋经济规模两两间的相互关系，见表5-1。数据来源于《国家海洋创新指数报告2019》[①]及其他相关科技统计数据和历年《中国海洋经济统计公报》。

表5-1　变量名称

海洋科技创新	海洋科技创新投入（INP）
	海洋科技创新产出（OUP）
海洋产业结构	海洋第三产业产值与第二产业产值之比（RAT）
	海洋第三产业产值增长率（GRT）
海洋经济规模	海洋生产总值（GOP）

二、模型建立

通过建立ARDL-ECM模型，研究海洋科技创新与海洋产业结构、海洋经济规模三组变量的长期均衡与短期动态关系。自回归分布滞后（ARDL）模型检验协整关系，适用于小样本数据的协整检验，能够增强模型的稳健性，模型更灵活，不再要求时序变量同为$I(0)$或同为$I(1)$过程；若存在解释变量为内生变量的情况，ARDL模型的协整关系估计不受其影响。

ARDL-ECM模型建立步骤如下。第一步，运用单位根检验法检验时序变量的平稳性，确定序列单整阶数，变量符合零阶单整$I(0)$或一阶单整$I(1)$，则可以进一步建模。第二步，构建ARDL模型如下：

$$\Delta y_t = a_0 + \sum_{i=1}^{m} a_{1i}\Delta y_{t-i} + \sum_{j=1}^{n} a_{2i}\Delta x_{t-i} + a_3 y_{t-1} + a_4 x_{t-1} + \mu_t \tag{5-1}$$

式中，a表示相应变量的长期弹性系数；μ_t为白噪声；m、n代表被解释变量与解释变量的滞后阶数，根据SIC准则确定自变量与因变量的滞后阶数。协整检验的原假设是两变量之间不存在长期均衡关系，即原假设$H_0: a_3 = a_4 = 0$，备择假设$H_1: a_3 \neq a_4 \neq 0$。结合F统计量判断，当F统计量小于下临界值时，则接受原假设，变量间不存在长期协整关系；若F统计量大于上临界值，则拒绝原假设，变量间存在长期协整关系。若F统计量介于两临界值之间，根据序列的单整阶数进一步判断。

确定变量间存在长期均衡关系后，得到长期均衡关系式，见方程（5-2）。进而进行模型建立的第三步，建立短期误差修正模型（ECM），见方程（5-3）。需要说明的是，当变量间不存在长期均衡关系、无法构建长期均衡关系式时，短期动态关系及误差修正模型也无法成立。

$$y_t = a_0 + \sum_{i=1}^{m} a_{1i}\Delta y_{t-i} + \sum_{j=1}^{n} a_{2i}\Delta x_{t-i} + \mu_t \tag{5-2}$$

$$\Delta y_t = a_0 + \sum_{i=1}^{m} a_{1i}\Delta y_{t-i} + \sum_{j=1}^{n} a_{2i}\Delta x_{t-i} - \delta \text{ECM}_{t-1} + \mu_t \tag{5-3}$$

式中，ECM_{t-1}是滞后误差修正因子；δ代表自我修正速度，一般情况下有$0 < \delta < 1$。

第三节　实证结果分析

一、平稳性检验

在协整检验之前，需要对变量进行平稳性检验。这里采用单位根检验中常用的ADF检验法，根

---

① 刘大海, 何广顺, 王春娟. 国家海洋创新指数报告2019[M]. 北京: 科学出版社, 2019.

据SIC准则确定滞后阶数为3，检验结果见表5-2，5个变量序列的单整阶数均不大于1，满足ARDL检验条件。分析5个变量两两间关系的时序图（图5-1），粗略判断变量间的协整关系，其中，海洋科技创新投入与海洋生产总值、海洋科技创新产出与海洋生产总值之间的协同关系最为显著，可以初步判断具有正向协整关系。海洋第三产业产值增长率与海洋生产总值及海洋科技创新投入、海洋科技创新产出也具有协整关系。而海洋科技创新和海洋经济规模与海洋产业转型之间由于变量存在较大波动，无法直观判断其协整关系。

表 5-2 变量平稳性检验结果

变量名	对数序列	一阶差分对数序列
海洋科技创新投入（INP）	非平稳	平稳**
海洋科技创新产出（OUP）	非平稳	平稳*
海洋生产总值（GOP）	平稳**	—

变量名	原始数列	一阶差分序列
海洋第三产业产值与第二产业产值之比（RAT）	非平稳	平稳*
海洋第三产业产值增长率（GRT）	平稳**	—

注：*和**分别表示相应变量在1%和5%的显著水平下是平稳序列

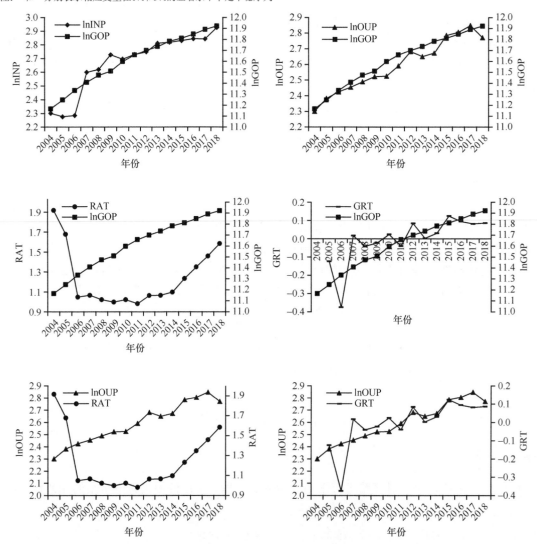

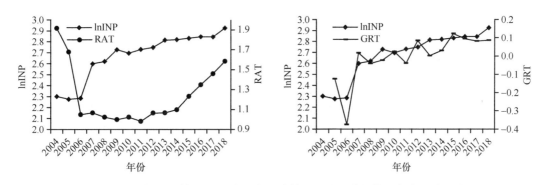

图 5-1　我国海洋科技创新、海洋产业结构与海洋经济规模对应序列时序图

二、协整检验与分析

1. 海洋科技创新与海洋经济规模的ARDL-ECM分析

针对海洋科技创新投入（lnINP）与海洋生产总值（lnGOP）序列建立ARDL模型，采用SIC准则确定最优滞后阶数，得到最优模型为ARDL(1，2)，回归结果的R-squared为0.989，表明拟合度较好。估计二者的长期均衡关系结果如表5-3所示，lnINP系数显著为正，表明从长期来看，海洋科技创新投入的增加能够提高海洋生产总值，INP每增加1%，GOP就会增加0.221%。基于长期协整关系的估计，建立短期误差修正模型，分析海洋科技创新投入与海洋生产总值的短期动态关系，可见，当短期波动偏离长期均衡时，上期的实际产出值低于长期均衡值，因而在下期需要以正修正项2.60%的速度将实际值调整到均衡值，滞后的海洋科技创新投入有助于海洋生产总值的增加。海洋科技创新产出（lnOUP）与海洋生产总值（lnGOP）的最优模型为ARDL(2，3)，拟合度较好。从长期来看，海洋科技创新产出的增加也能够提高海洋生产总值，OUP每增加1%，GOP就会增加0.571%，短期波动对于长期均衡的偏离程度过大，过早期的海洋科技创新产出对当前海洋经济发展的推动作用有限，说明海洋科技创新产出对拉动海洋经济发展的作用具有一定时效性。

表 5-3　海洋科技创新投入（lnINP）、海洋科技创新产出（lnOUP）与海洋生产总值（lnGOP）的长期均衡与短期动态关系

变量	系数	变量	系数
lnINP	0.221	lnOUP	0.571
lnGOP(−1)	1.026	C	2.976
D（lnINP）	0.221	D(lnOUP)	0.571
D(lnINP(−1))	0.142	D(lnOUP(−1))	−1.390
ECM(−1)*	0.026	ECM(−1)*	−1.970

注：C表示模型常数项；D(lnINP)表示lnINP的一阶差分项；lnINP(−1)表示lnINP的滞后一期；ECM(−1)*表示误差修正项，下表同理

2. 海洋产业转型升级与海洋经济规模的ARDL-ECM分析

海洋第三产业产值增长率（GRT）与海洋生产总值（lnGOP）协整分析的最优模型为ARDL(3，0)，回归结果的R-squared为0.999，拟合度良好，估计结果见表5-4。当海洋第三产业产值增长率增加一个单位时，海洋生产总值就会增长0.347%，反映出海洋产业结构优化对海洋经济发展

的正向推动作用。当短期波动偏离高于长期均衡时，将会以0.110%的速度恢复到长期均衡水平。海洋第三产业产值与第二产业产值之比（RAT）与海洋生产总值（lnGOP）的时序数列不符合显著性检验标准，二者之间不存在长期均衡关系，产业结构调整与总产值增加不具有必然联系。

表5-4　海洋第三产业产值增长率（GRT）与海洋生产总值（lnGOP）的长期均衡与短期动态关系

变量	系数	P 值
GRT	0.347	0.002
lnGOP(−1)	0.763	0.001
C	1.299	0.006
ECM(−1)*	−0.110	0.000

3. 海洋科技创新与海洋产业转型升级的ARDL-ECM分析

海洋科技创新投入（lnINP）与海洋第三产业产值与第二产业产值之比（RAT）的协整最优模型为ARDL(2，1)，回归结果的R-squared为0.931，拟合度良好，二者的长期均衡关系如表5-5所示，可见海洋科技创新投入有利于海洋产业转型，短期冲击导致的偏离将以12.0%的较快速度恢复到长期均衡水平。海洋科技创新产出（lnOUP）与海洋第三产业产值增长率（GRT）的最优模型为ARDL(2，0)，回归结果的R-squared为0.684，估计结果见表5-5，从长期来看，海洋科技创新产出对海洋第三产业产值增长率提高的贡献并不大。

表5-5　lnINP 与 RAT、lnOUP 与 GRT 的长期均衡与短期动态关系

lnINP 与 RAT		lnOUP 与 GRT	
变量	系数	变量	系数
lnINP	0.446	lnOUP	−0.269
C	−3.261	C	2.108
ECM(−1)*	−0.120	ECM(−1)*	−1.925

三、格兰杰因果关系检验

采用格兰杰因果关系检验对三者间的内在关系进行分析，结果见表5-6。海洋科技创新投入增加是海洋生产总值增长的格兰杰原因，海洋生产总值增长也是海洋科技创新能力提升的格兰杰原因，海洋第三产业产值增长率是海洋生产总值增长的格兰杰原因，但海洋科技创新产出和海洋第三产业产值与第二产业产值之比却不是。海洋生产总值增长、海洋科技创新投入与产出均是海洋产业转型升级的格兰杰原因，海洋产业转型是海洋科技创新投入的格兰杰原因，但海洋产业结构转型升级不是海洋科技创新的格兰杰原因。

表5-6　变量间格兰杰因果关系检验结果

协整检验结果			格兰杰因果关系检验结果			
因变量	自变量	协整	原假设	是否拒绝原假设	原假设	是否拒绝原假设
lnGOP	lnINP	是	lnGOP 不是 lnINP 的格兰杰原因	拒绝	lnINP 不是 lnGOP 的格兰杰原因	拒绝
	lnOUP	是	lnGOP 不是 lnOUP 的格兰杰原因	拒绝	lnOUP 不是 lnGOP 的格兰杰原因	接受
lnGOP	RAT	否	lnGOP 不是 RAT 的格兰杰原因	拒绝	RAT 不是 lnGOP 的格兰杰原因	接受
	GRT	是	lnGOP 不是 GRT 的格兰杰原因	拒绝	GRT 不是 lnGOP 的格兰杰原因	拒绝

协整检验结果			格兰杰因果关系检验结果			
因变量	自变量	协整	原假设	是否拒绝原假设	原假设	是否拒绝原假设
RAT	lnINP	是	RAT 不是 lnINP 的格兰杰原因	拒绝	lnINP 不是 RAT 的格兰杰原因	拒绝
	lnOUP	否	RAT 不是 lnOUP 的格兰杰原因	接受	lnOUP 不是 RAT 的格兰杰原因	拒绝
GRT	lnINP	是	GRT 不是 lnINP 的格兰杰原因	接受	lnINP 不是 GRT 的格兰杰原因	拒绝
	lnOUP	是	GRT 不是 lnOUP 的格兰杰原因	接受	lnOUP 不是 GRT 的格兰杰原因	拒绝

总体来看，格兰杰因果关系检验的结果与ARDL长期协整关系检验结果保持一致，如表5-6所示，能够相互印证，体现了协整关系和格兰杰原因实证相结合研究的科学性与可靠性。

第四节　讨　论

一、海洋科技创新与海洋经济规模协整关系及其影响因素

综上研究，海洋科技创新与海洋经济规模均具有显著的长期均衡关系，短期内海洋科技创新投入、海洋科技创新产出对于海洋经济规模的作用发挥具有时滞性。总体来看，海洋科技创新能够长期显著拉动我国海洋经济发展。近年来，国家在海洋发展建设方面更加重视并加大了资源投入，2004～2018年不断增加涉海就业人员，加强人力资源供给，研究与发展经费投入强度增加3～4倍，创新经费提供坚实保障，创新环境逐渐改善。科技高投入也带来海洋科技创新高产出，根据《国家海洋创新指数报告2019》[①]，2002～2017年海洋领域科技论文年均增长率达到12.69%。海洋创新资源的高投入和海洋创新成果的高产出为海洋经济的高质量发展提供了充足的动力与支撑。

海洋科技创新对海洋经济发展的短期滞后性，与海洋科技创新成果转化服务体系有密切关系。我国海洋科技创新效率偏低，存在海洋教育、科研与技术转化效率失衡现象[②]，海洋科技成果转化服务体系存在市场评估服务混乱、技术与市场兼顾的复合型人才缺乏、针对性法律法规保障缺失等问题，公共数据更新缓慢、市场激励性不足、资源的低效配置等都大大降低了科技成果转化服务效率[③]。海洋科技创新产出相比海洋科技创新投入对海洋经济发展具有更直接的拉动作用，主要是因为我国科技创新人力、经费投入主要更多地表现为原始创新成果，而科技创新产出在应用性和开发新研究动力方面有更直接的作用，能够更直接地激发经济发展[④]。

二、海洋产业结构转型升级与海洋经济规模协整关系及其影响因素

海洋第三产业产值增长对海洋经济增长具有推动作用，近五年部分传统海洋产业产能过剩，缺乏高新技术支撑，创新缓慢甚至停滞[⑤]，产业转型初露头角，产业升级随之加快，第三产业迎来了新的发展。2018年《关于发展海洋经济 加快建设海洋强国工作情况的报告》指出"以海洋渔业、海洋交通运输、海洋工程建筑、海洋油气、海洋船舶、海洋化工等为支柱的传统产业转型步伐加快，以滨海旅游等为主导的海洋服务业支撑带动作用不断提升"。

① 刘大海，何广顺，王春娟. 国家海洋创新指数报告2019[M]. 北京: 科学出版社, 2019.
② 康旺霖，邹玉坤，王垒. 我国省域海洋科技创新效率研究[J]. 统计与决策, 2020, 4: 100-103.
③ 陈宁，赵露，陈雨生. 海洋国家实验室科技成果转化服务体系研究[J]. 科技管理研究, 2019, (11): 122-128.
④ 胡艳，潘婷. 长江经济带科技创新对经济发展支撑作用研究[J]. 铜陵学院学报, 2019, (4): 3-6, 24.
⑤ 乔俊果. 基于中国海洋产业结构优化的海洋科技创新思路[J]. 改革与战略, 2010, 26(10): 140-143, 154.

总体来说，21世纪初期，国家基于海洋建设的初步需求，对海洋传统第二产业发展给予了高度重视，但产业转型缓慢；2015～2018年产业转型出现加快趋势，但由于新兴产业发展时间较短，规模量小且基础不牢固，新兴海洋产业技术产业化程度不高，产品质量与国际相比有一定的差距[1]，未能显著拉动经济发展。但近五年来伴随着海洋建设初级需求的满足，海洋经济向第三产业倾斜，海洋产业结构加快调整升级，因此预期未来海洋产业转型升级与海洋经济增长将更为显著，即产业转型升级对国家海洋经济实力的贡献度将逐渐提升。

三、海洋科技创新与海洋产业转型升级协整关系及其影响因素

海洋科技创新投入对我国海洋产业转型具有拉动作用，但海洋科技创新产出贡献并不积极，主要有以下两个原因：第一，我国海洋科技创新研究主要集中于基础学科[2]，大部分作用于传统产业结构的转型升级，为传统产业转变发展方式提供技术支撑，而为新兴产业的培育和产生提供新思路、新思维的动力仍旧欠缺；另外，集中于海洋新兴产业的基础学科发挥作用和贡献的周期比较长，因此当前阶段海洋科技创新不能直接反映于第三产业的壮大。第二，我国近年来对海洋科技创新的重视程度有所提升，加大了海洋科技创新投入、提升了产出速度，为海洋产业转型升级提供了动力，而短期的滞后性仍然与科技成果转化需要一定的时间周期及我国本身科技转化体系的不完善具有密切关系[3]。

四、格兰杰因果关系检验与协整检验综合分析

协整分析详细检验了我国海洋科技创新、海洋产业转型升级与海洋经济规模的相互关系。从格兰杰因果关系检验结果看，海洋生产总值增加对于海洋科技创新投入和产出都有正向推动作用，这是符合现实逻辑的。我国海洋科技创新正处于快速发展阶段，一定程度上属于海洋经济发展引导促进阶段[4]，海洋经济发展程度越高，对科技创新的需求就越高，推动各种生产要素向科技方向流动，带动海洋科技创新投入与产出的增加。

海洋科技创新投入与产出均是海洋产业转型升级的格兰杰原因，这与ARDL协整检验结果是一致的。而从格兰杰因果关系检验结果来看，海洋产业转型升级不是海洋科技创新的格兰杰原因，这是因为目前我国海洋第三产业中高新技术和战略性新兴等产业并非发展主力，滨海旅游等产业对科技创新的需求水平也相对较低。但结合实验结果与经济理论分析，未来随着海洋经济发展更加明朗，对科学技术的要求将不断提高，应用水平也会随之增强。

第五节　我国海洋科技创新与经济高质量发展对策建议

（1）贯彻创新驱动发展战略，加大科技创新投入力度、扩大科技创新产出。营造激励创新的公平环境[5]，提高海洋科研人员质量，吸引和培养科技创新人才，建立产教融合模式[6]，刺激海洋科技创新的有效产出。此外，由于海洋技术开发具有成本高、难度大、周期长等风险性因素，应推进海洋科研机构与涉海企业合作[7]，加快"研学产"步伐，提高转化效率。发散思维、形成海洋经

---

① 李顺德. 海洋产业结构升级对海洋经济的影响机制研究[J]. 工程经济, 2020, 5: 236.
② 胡艳, 潘婷. 长江经济带科技创新对经济发展支撑作用研究[J]. 铜陵学院学报, 2019, (4): 3-6, 24.
③ 陈宁, 赵露, 陈雨生. 海洋国家实验室科技成果转化服务体系研究[J]. 科技管理研究, 2019, (11): 122-128.
④ 赵玉杰, 杨瑾. 海洋经济系统科技创新驱动效应研究[J]. 东岳论丛, 2016, 37(5): 94-102.
⑤ 吴传清, 邓明亮. 科技创新、对外开放与长江经济带高质量发展[J]. 科技进步与对策, 2019, (3): : 33-41.
⑥ 杜军, 赵培阳, 寇佳丽. 基于VAR模型的海洋科技创新与海洋经济增长的互动关系研究[J]. 生态经济, 2019, (9): 61-67.
⑦ 刘畅, 盖美, 王秀琪, 等. 大连市海洋科技创新对海洋经济发展的影响[J]. 现代商贸工业, 2020, 41(22): 4-5.

济发展新思路，培育新兴产业，促进海洋经济结构优化和海洋经济高质量发展。

（2）在产业政策上，立足海洋第一产业、继续扶持海洋第二产业、重点发展海洋第三产业[①]。海洋第一产业是海洋经济的基础，通过政策优惠、财政补贴等方式，稳固第一产业的根基。海洋第二产业拉动我国海洋建设起步成长，是海洋经济的支柱，但在环境约束、经济模式更新的要求下，需要传统的海洋工业加快转型。同时，增大第三产业对海洋经济的贡献度，设计激励机制[②]引导生产要素的流向，鼓励新兴技术产业、高科技产业的成长发展，使产业结构更加优化。

（3）顶层设计与市场配置资源相结合。政府需要正确发挥政策引领作用，制定符合我国国情的海洋产业发展战略，鼓励技术创新、促进技术积累、引导市场行为[③]。完善要素市场和市场服务机制，健全相关法律加快市场化建设[④]。重要的是，提高市场化水平，发挥市场的资源配置作用，激发科技创新活力，引入竞争要素，用市场机制驱动第三产业和新兴产业的产生，从而实现海洋产业结构优化升级。

（4）构建海洋命运共同体，发展海洋经济的同时兼顾海洋生态文明建设[⑤]。海洋经济发展应贯彻"构建海洋命运共同体"这一重要理念。改变海洋第二产业如石油炼化、水产加工等传统产业粗放的发展方式，科学合理地开发海洋资源，发挥环境规制对海洋经济转型的作用[⑥]，实现绿色发展[⑦]。

（5）保障海洋经济发展安全，推进海洋科技创新的对外开放进程。当前我国海洋产业在高端科技利用规模与效率方面与发达国家仍有较大差距，应加强国际沟通，为海洋运输贸易产业、海洋资源开发及海洋经济稳定发展提供和平、安全的生态环境，同时促进信息流通[⑧]，加强国际的科技交流学习，引进国外先进生产方式与科技成果，充分发挥科学技术在海洋经济高质量发展中的作用。

① 寇佳丽, 杜军. 中国海洋产业结构与海洋经济增长的关系[J]. 华北水利水电大学学报(社会科学版), 2019, 35(5): 40-45.
② 田雪航, 何爱平. 环境规制对经济增长影响的实证分析[J]. 统计与决策, 2020, 36(24): 115-118.
③ 杜军, 寇佳丽, 赵培阳. 海产业结构升级、海洋科技创新与海洋经济增长——基于省际数据面板向量自回归(PVAR)模型的分析[J]. 科技管理研究, 2019, (21): 137-146.
④ 张治栋, 廖常文. 区域市场化、技术创新与长江经济带产业升级[J]. 产经评论, 2019, (5): 94-107.
⑤ 苏纪兰. 科学发展海洋经济 建设海洋生态文明[J]. 地球, 2020, (10): 6-11.
⑥ 葛浩然, 朱占峰, 钟昌标, 等. 环境规制对区域海洋经济转型的影响研究[J]. 统计与决策, 2020, 36(24): 111-114.
⑦ 王春益. 生态文明视域下的海洋命运共同体[J]. 中国生态文明, 2019, (6): 66-69.
⑧ 秦琳贵, 沈体雁. 科技创新促进中国海洋经济高质量发展了吗——基于科技创新对海洋经济绿色全要素生产率影响的实证检验[J]. 科技进步与对策, 2020, 37(9): 105-112.

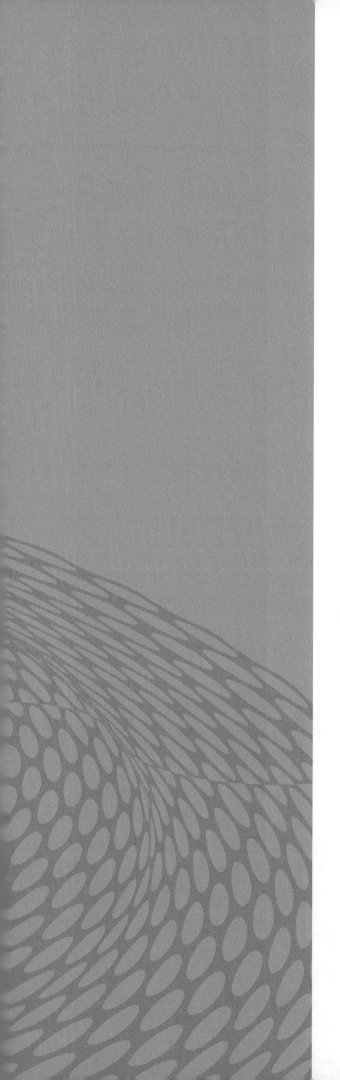

第二部分　专题报告

第六章　全球海洋创新能力比较专题分析

全球海洋领域SCI论文数量总体呈稳定增长态势，2019年论文数量是2001年的2.06倍，年均增长率为4.11%。

全球海洋领域SCI论文数量最多的机构为加利福尼亚大学，其次为美国国家海洋和大气管理局、中国科学院、俄罗斯科学院、伍兹霍尔海洋研究所、中国海洋大学、华盛顿大学、法国国家科学研究中心、加拿大渔业与海洋部及俄勒冈州立大学等机构。

全球海洋科技领域SCI论文数量排名前20位的机构中，美国有7所；中国有3所，分别为中国科学院、中国海洋大学和国家海洋局；法国机构有3所；加拿大、德国、西班牙、日本、澳大利亚、俄罗斯、挪威各有1所。

全球海洋领域EI论文数量整体呈较快的增长趋势。中国、美国海洋领域EI论文数量占全球论文总量的44%，年度论文增长幅度远高于其他国家。自2011年以来，中国EI论文产出量超过美国并始终位居全球首位。

全球海洋领域专利申请持续增长。中国在海洋领域的专利申请量接近5.5万件，居全球第一，占全球海洋领域专利申请量的49.9%。中国年度专利申请量保持快速增长之势，2012以来全球海洋领域年度专利申请量增长主要来自中国，2018年中国专利申请量已经占到全球专利申请量的78.3%。

第一节　全球海洋创新格局与态势分析

一、基于 SCI 论文成果的格局与态势分析

2001～2019年，全球海洋领域SCI论文数量总体呈稳定增长态势，如图6-1所示。2019年全球海洋领域SCI论文数量是2001年的2.06倍，年均增长率为4.11%。2001～2019年全球海洋领域SCI论文数量呈现阶梯式增长特征，2006年和2012年为全球海洋领域SCI论文数量迅速增长的转折年份。

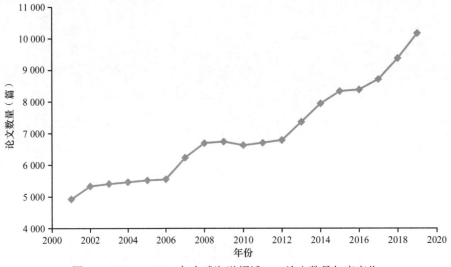

图 6-1　2001～2019 年全球海洋领域 SCI 论文数量年度变化

2001～2019年，全球海洋领域SCI论文数量最多的20所机构见表6-1。论文数量最多的机构为加利福尼亚大学，其次为美国国家海洋和大气管理局、中国科学院、俄罗斯科学院、伍兹霍尔海洋研究所、中国海洋大学、华盛顿大学、法国国家科学研究中心、加拿大渔业与海洋部和美国俄勒冈州立大学等机构。在论文数量最多的20所机构中，美国有7所；中国有3所，分别为中国科学院、中国海洋大学和国家海洋局；法国有3所；加拿大、德国、西班牙、日本、澳大利亚、俄罗斯、挪威各有1所。

表 6-1　2001～2019 年全球海洋领域 SCI 论文数量前 20 的机构

序号	机构名称（英文）	机构名称（中文）	论文数量（篇）	国家
1	Univ. Calif.	加利福尼亚大学	4150	美国
2	NOAA	美国国家海洋和大气管理局	3599	美国
3	Chinese Acad. Sci.	中国科学院	3578	中国
4	Russian Acad. Sci.	俄罗斯科学院	3491	俄罗斯
5	Woods Hole Oceanog. Inst.	伍兹霍尔海洋研究所	2803	美国
6	Ocean Univ. China	中国海洋大学	2724	中国
7	Univ. Washington	华盛顿大学	2281	美国
8	CNRS	法国国家科学研究中心	1921	法国
9	Fisheries & Oceans Canada	加拿大渔业与海洋部	1721	加拿大
10	Oregon State Univ.	俄勒冈州立大学	1632	美国

序号	机构名称（英文）	机构名称（中文）	论文数量（篇）	国家
11	Univ. Hawaii	夏威夷大学	1585	美国
12	State Ocean. Admin.	国家海洋局	1583	中国
13	IFREMER	法国海洋开发研究院	1525	法国
14	CSIC	西班牙国家研究委员会	1522	西班牙
15	Alfred Wegener Inst. Polar & Marine Res.	阿尔弗雷德·魏格纳极地与海洋研究所	1439	德国
16	CSIRO	澳大利亚联邦科学与工业研究组织	1415	澳大利亚
17	Univ. Miami	迈阿密大学	1351	美国
18	Univ. Tokyo	东京大学	1393	日本
19	Inst. Marine Res., Norway	挪威海洋研究所	1245	挪威
20	Univ. Paris	巴黎大学	1200	法国

2001～2019年，全球海洋领域SCI论文数量前20的机构年度发文情况如图6-2所示。中国机构最近3年SCI论文的发文量占比较大。从2019年全球海洋领域SCI论文的发文量看，阿尔弗雷德·魏格纳极地与海洋研究所、巴黎大学、夏威夷大学、挪威海洋研究所发文量相对较少，而俄罗斯科学院、华盛顿大学、中国科学院和东京大学的发文量明显增加。

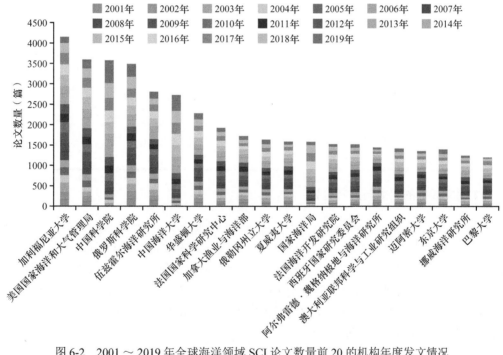

图6-2　2001～2019年全球海洋领域SCI论文数量前20的机构年度发文情况

2001～2019年，全球海洋领域SCI论文共涉及23个学科（表6-2），表明海洋科技研究涉及众多学科领域且学科之间交叉频繁。除海洋学外，在研究成果中涉及较多的学科领域还包括海洋工程、海洋与淡水生物学、土木工程、气象学与大气科学、生态学、地学交叉科学、湖沼学、渔业学、水资源学等。

表 6-2　2001 ～ 2019 年全球海洋领域 SCI 论文学科分布

序号	WOS 学科分类（英文）	WOS 学科分类（中文）	论文数量（篇）
1	Oceanography	海洋学	111 061
2	Engineering，Ocean	海洋工程	41 372
3	Marine & Freshwater Biology	海洋与淡水生物学	34 467
4	Engineering，Civil	土木工程	18 549
5	Meteorology & Atmospheric Sciences	气象学与大气科学	11 669
6	Ecology	生态学	10 231
7	Geosciences，Multidisciplinary	地学交叉科学	10 007
8	Limnology	湖沼学	9 320
9	Fisheries	渔业学	8 613
10	Water Resources	水资源学	5 856
11	Engineering，Mechanical	机械工程	3 159
12	Chemistry，Multidisciplinary	化学交叉科学	1 811
13	Geochemistry & Geophysics	地球化学与地球物理学	1 706
14	Paleontology	古生物学	1 573
15	Engineering，Electrical & Electronic	电子与电气工程	1 429
16	Engineering，Multidisciplinary	工程交叉科学	1 080
17	Engineering，Geological	地质工程	847
18	Mining & Mineral Processing	采矿与选矿	847
19	Environmental Sciences	环境科学	748
20	Mechanics	力学	748
21	Remote Sensing	遥感	515
22	Zoology	动物学	243
23	Energy & Fuels	能源与燃料	92

二、基于 EI 论文成果的格局与态势分析

《工程索引》（*Engineering Index*，EI）是美国工程师学会联合会创办的工程技术领域综合性文献情报数据库和检索工具，被全球工程技术界广泛认可。该数据库收录了近2000万条数据，收录范围涉及190多个工程学科、77个国家、3600余种期刊、80多个图书连续出版物、9万余个会议录及12万余篇学位论文及上百种贸易杂志等。本报告对EI中与海洋科学领域相关的论文产出进行梳理与统计，以分析全球和中国在海洋相关领域的科技发展态势。2001～2019年，全球海洋领域EI文献共269 346篇，中国相关文献有57 203篇[①]。

2001～2019年全球海洋领域EI论文发表数量的年度变化如图6-3所示。2001～2019年，全球海洋领域EI论文发表数量整体呈波动增长态势。具体来看，2001～2005年，EI论文发表数量逐年迅速增长；2006～2008年有所回落；2009～2014年再次呈现逐年增长态势；2015～2017年与前期相比略有下降；2018年开始又快速增长，2019年增至近20年的最高值，达到22 398篇[②]。

① 因EI收录数据调整，其所收录的文献总量有变化，下同。
② 由于论文收录存在时滞，因而近几年论文数据不全，仅供参考，下同。

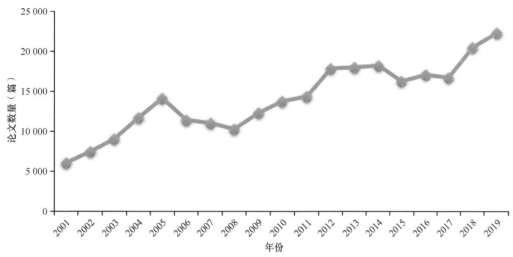

图 6-3　2001 ～ 2019 年全球海洋领域 EI 论文发表数量的年度变化

2001～2019年，全球海洋领域EI论文发表数量前15的机构发表论文数量如图6-4所示。在发文量排名前15名的机构中，中国有6所，美国有5所，法国、日本、俄罗斯和荷兰各有1所。中国科学院EI论文产出数量位居全球首位。此外，进入全球发文量前15位的中国机构集中在教育机构，包括哈尔滨工程大学、中国海洋大学、大连理工大学、上海交通大学和浙江大学。

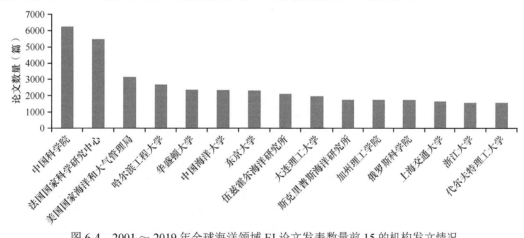

图 6-4　2001 ～ 2019 年全球海洋领域 EI 论文发表数量前 15 的机构发文情况

2001～2019年海洋相关主题领域中EI论文发表数量前15的主题领域如图6-5所示。论文较多的主题领域主要为海洋学总论，海水、潮汐和波浪，海洋科学与海洋学，数学，海上建筑物，大气性质，材料科学，化学品操作等。从学科领域分布来看，海洋主题研究与数学、大气科学、材料科学、化学、地质学、生物学、有机化学、流体物理学和力学等学科密切相关。

全球海洋领域EI论文来源期刊分布非常广泛。图6-6统计了2001～2019年全球海洋领域EI论文发表数量前15的期刊，其所收录的论文数量占海洋领域论文总数的18.06%，其中*ProQuest Dissertations and Theses Global*、*Applied Mechanics and Materials*、*Geophysical Research Letters*三个期刊发表的相关论文数量占海洋领域论文总数的比例均超过2%。

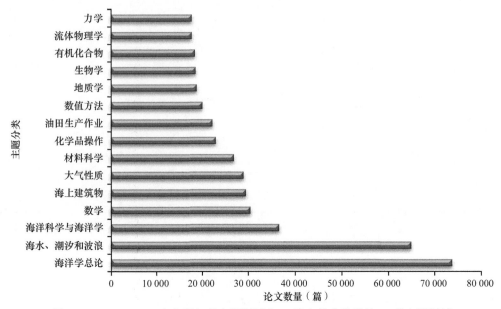

图 6-5　2001 ～ 2019 年海洋相关主题领域中 EI 论文发表数量前 15 的主题领域

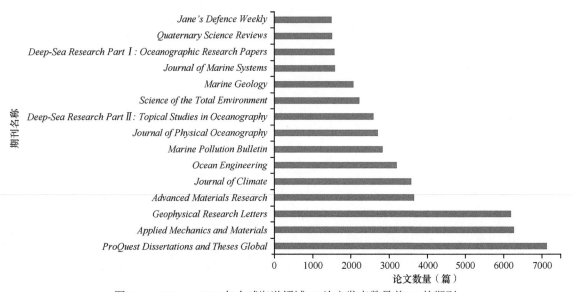

图 6-6　2001 ～ 2019 年全球海洋领域 EI 论文发表数量前 15 的期刊

会议和会议论文是了解领域国内外研究进展的重要渠道。图6-7统计了2001～2019年收录海洋领域EI论文最多的15种会议录，其中，以海洋为主要议题的国际会议主要有：International Conference on Offshore Mechanics and Arctic Engineering、International Offshore and Polar Engineering Conference、International Conference on Port and Ocean Engineering under Arctic Conditions等。此外，还有一些国家和地区会议，如Annual Offshore Technology Conference、Coastal Engineering Conference等。

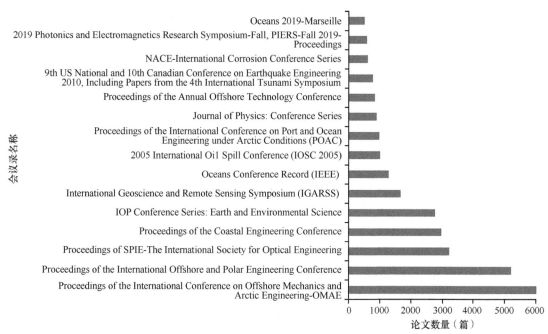

图 6-7　2001～2019 年全球海洋领域 EI 论文发表数量前 15 的会议录

三、海洋领域专利总体格局与态势分析

基于德温特创新索引（Derwent Innovation Index，DII）国际专利数据库分析，2001～2019年，中国在海洋领域的专利申请量达54 410件，位居全球第一，占全球海洋领域专利申请量的55.33%，专利申请优势依然明显；韩国、日本和美国分列第二至四位（图6-8）。

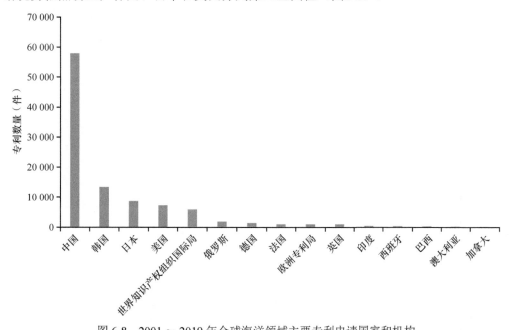

图 6-8　2001～2019 年全球海洋领域主要专利申请国家和机构

全球海洋领域专利申请量持续增长，自2016年开始，专利申请量始终保持在1万件[①]以上。中国

---

① 由于专利申请数据存在时滞，2018～2019年数据仅供参考，下同。

海洋领域专利申请量总体呈持续快速增长态势（2019年表现出下降趋势，主要是由于数据滞后），特别是自2010年开始，专利申请量增长迅速。2014年中国专利申请量占全球海洋领域专利申请量的50%以上，2018年已经占全球海洋领域专利申请量的78.26%（包含多国合作专利）。从图6-9可以看出，2012年以后全球海洋领域专利申请量的增长主要来自中国，除中国以外的国家和地区专利申请量呈明显下降趋势。

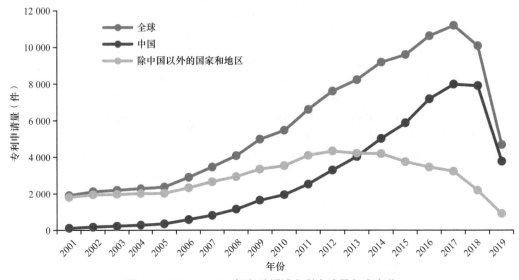

图 6-9　2001 ～ 2019 年海洋领域专利申请量年度变化

专利申请机构不断增多是全球海洋领域专利申请量持续增长的原因之一。全球海洋领域专利申请机构数量从2001年的2478家最高增加到2014年的6850家（图6-10），机构数量增加了1.76倍，2014年后机构数量大多保持在6500家以上（2017～2019年表现出机构数量减少的趋势，主要是由于数据滞后）。海洋领域专利申请机构不断增加，表明海洋相关产业范围不断拓展，技术或者产品更加成熟。

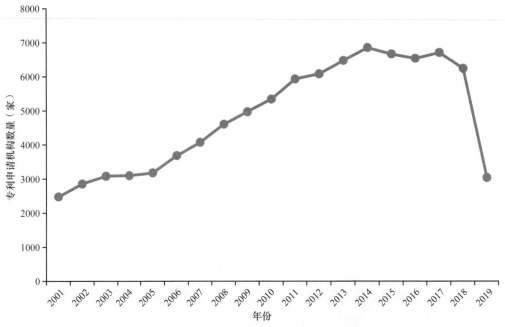

图 6-10　2001 ～ 2019 年全球海洋领域专利申请机构数量年度变化

2001～2019年全球海洋领域专利申请人数也在持续增加，从2001年的3135人最高增长到2013年的10 988人（图6-11），增长了2.5倍；2014～2019年出现持续下降趋势。专利申请人数与专利申请机构数量发展趋势基本一致，随着海洋相关产业的成熟及行业发展稳定，预计未来专利申请人数和专利申请机构数量将同时有所下降。

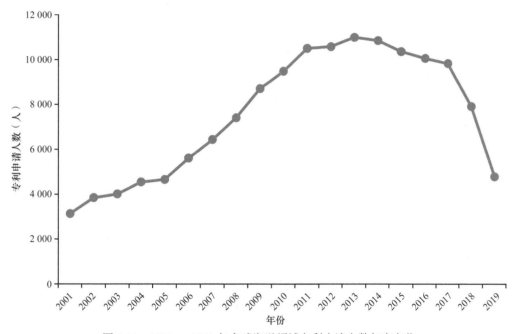

图 6-11　2001 ～ 2019 年全球海洋领域专利申请人数年度变化

2001～2019年，全球海洋领域专利申请主要机构如图6-12所示。中国有8所机构专利申请量排名进入全球前15位，分别是浙江海洋大学、中国海洋大学、中国海洋石油集团有限公司、浙江大学、哈尔滨工程大学、天津大学、大连理工大学和中国船舶重工集团公司第七一九研究所。其他国家海洋领域专利申请机构主要来自韩国造船及重工企业、日本重工企业及欧美石油公司。

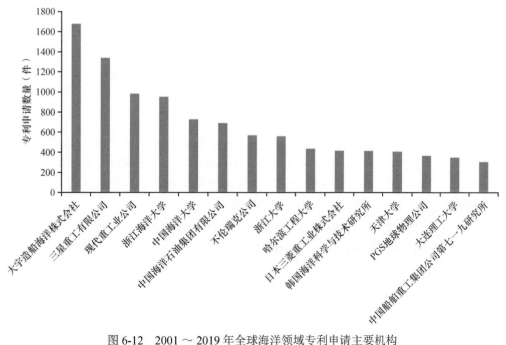

图 6-12　2001 ～ 2019 年全球海洋领域专利申请主要机构

　　全球海洋领域专利申请主要技术方向（IPC分类）分别为（图6-13）：B63B（船舶或其他水上船只；船用设备）、C02F（污水、污泥污染处理）、A01K（畜牧业；禽类、鱼类、昆虫的管理；捕鱼；饲养或养殖其他类不包含的动物；动物的新品种）、A23L（不包含在A21D或A23B至A23J小类中的食品、食料或非酒精饮料）、A61K（医学用配置品）、E02B（水利工程）、F03B（液力机械或液力发动机）、B01D（分离）、A61P（化合物或药物制剂的特定治疗活性）、G01N（借助测定材料的化学或者物理性质来测试或分析材料）、B63H（船舶的推进装置或操舵装置）、E21B（土层或岩石的钻进）、G01V（地球物理；重力测量；物质或物体的探测；示踪物）、G01S（无线电定向；无线电导航；采用无线电波测距或测速；采用无线电波的反射或再辐射的定位或存在检测；采用其他波的类似装置）、E02D（基础；挖方；填方；地下或水下结构物）。

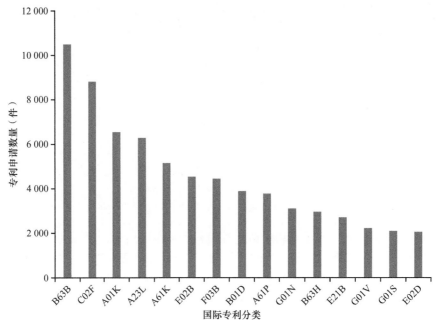

图 6-13　2001～2019 年全球海洋领域专利申请主要技术方向（IPC 分类）

第二节　海洋创新的国家实力比较分析

一、基于 SCI 论文成果的比较分析

　　2001～2019年，全球海洋领域SCI论文发表数量前15的国家发文情况如图6-14所示。美国发文量占据绝对优势，其次为中国和英国，发文量均在10 000篇以上，美国发文量分别是中国和英国的1.85倍与2.77倍。除上述国家外，进入前15的国家还包括澳大利亚、法国、德国、加拿大、日本、西班牙、俄罗斯、挪威、意大利、荷兰、印度和韩国。

　　2001～2019年，全球海洋领域SCI论文发表数量前15的国家年度发文情况如图6-15所示。美国呈现稳定增长趋势；中国增势明显，尤其是最近3年（2017～2019年）发文量占比显著；英国、澳大利亚、法国和德国发文相对稳定。

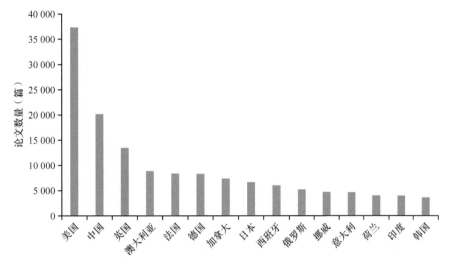

图 6-14　2001～2019 年全球海洋领域 SCI 论文发表数量前 15 的国家发文情况

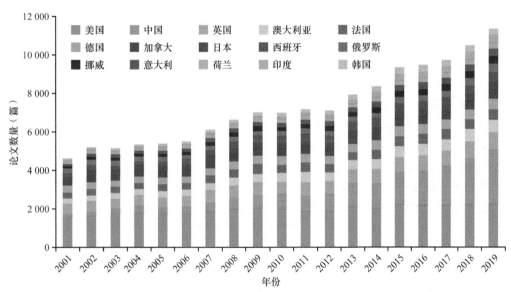

图 6-15　2001～2019 年全球海洋领域 SCI 论文发表数量前 15 的国家年度发文情况

2001～2019年全球海洋领域SCI论文发文量前15国家的科研影响力及产出效率分析结果见表6-3。

表 6-3　2001～2019 年全球海洋领域 SCI 论文发文量前 15 国家的科研影响力及产出效率指标统计

序号	国家	论文数量（篇）	总被引频次（次）	篇均被引频次（次/篇）	近3年发文量（篇）	近3年发文占比（%）	H指数
1	美国	37 352	1 201 987	32.18	6 615	17.71	261
2	中国	20 144	270 937	13.45	7 311	36.29	138
3	英国	13 504	372 980	27.62	2 435	18.03	172
4	澳大利亚	8 872	223 799	25.23	1 869	21.07	136
5	法国	8 370	258 549	30.89	1 598	19.09	150
6	德国	8 288	256 514	30.95	1 543	18.62	162
7	加拿大	7 344	211 654	28.82	1 380	18.79	147

续表

序号	国家	论文数量（篇）	总被引频次（次）	篇均被引频次（次/篇）	近3年发文量（篇）	近3年发文占比（%）	H指数
8	日本	6 656	143 037	21.49	1 243	18.67	121
9	西班牙	6 004	157 245	26.19	1 182	19.69	125
10	俄罗斯	5 197	51 762	9.96	1 152	22.17	77
11	挪威	4 706	123 721	26.29	1 104	23.46	123
12	意大利	4 637	125 245	27.01	1 066	22.99	118
13	荷兰	4 006	131 517	32.83	812	20.27	130
14	印度	3 971	41 815	10.53	1 246	31.38	69
15	韩国	3 638	48 895	13.44	984	27.05	76

从主要国家科研影响力看，论文总被引频次最高的为美国，其次为英国、中国、法国、德国、澳大利亚。尽管中国论文数量排名第二，但是论文总被引频次却排名第三，被引频次偏低在一定程度上反映出论文影响力不足，或者是近期发文量较多使得论文被引滞后。从主要国家海洋领域SCI论文的篇均被引频次看，荷兰最高，为32.83次/篇，美国、德国、法国均在30次/篇以上，中国为13.45次/篇，排名第12。中国近3年SCI论文发文量占全球的比例达36.29%，这可能是造成篇均被引频次较低的一个重要原因。

H指数为评估科研论文影响力的主要指标。H指数同论文被引频次和被引论文数量之间存在较强的正相关关系。国家H指数主要是指在一个国家发表的Np篇论文中，如果有H篇论文的被引次数都大于等于H，而其他（Np–H）篇论文被引频次都小于H，那么此国家的科研成就的指数值为H。在发文量排名前15的国家中，美国、英国、德国、法国的H指数较高，均不低于150，表明这些国家在海洋领域中的科研成就较为突出。

从主要国家的科技产出效率指标看，近3年发文量较高的国家为中国、美国、英国、澳大利亚、法国和德国，发文量均在1500篇以上。从近3年发文量占国家统计年份总发文量的比例看，中国和印度近3年均超过了30%，表明国家海洋科技创新正在兴起。

二、基于 EI 论文成果的比较分析

2001～2019年全球海洋领域EI论文发表数量前15的国家发文情况如图6-16所示。美国位列首位，中国紧随其后，中美两国发文量仅相差2000余篇，发文量占全球发文量的44%。除中美两国外，发文量排名前15的国家还包括英国、日本、德国、法国、加拿大、澳大利亚、意大利、西班牙、韩国、印度、挪威、荷兰和俄罗斯。

2001～2019年，全球海洋领域EI论文发表数量前10国家的发文量年度变化如图6-17所示。总体来看，主要国家论文产出数量呈现上升趋势。2010年以前，美国海洋领域发文量远远超过其他国家。近十几年来，中国海洋领域EI论文产出增长迅速，自2011年开始，中国年度论文产出数量超过美国并一直位居全球首位。其间，发文量在2015～2017年有所回落，之后再次呈快速增长之势，2019年中国海洋领域EI论文数量再创新高[①]。

---

① 由于论文收录存在时滞，因而近几年论文数据不全，仅供参考，下同。

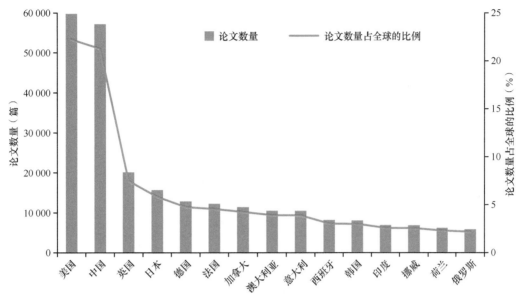

图 6-16　2001～2019 年全球海洋领域 EI 论文发表数量前 15 的国家发文情况

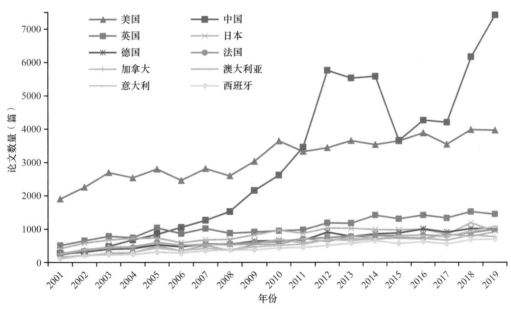

图 6-17　2001～2019 年全球海洋领域 EI 论文发表数量前 10 国家的发文量年度变化

三、基于海洋领域专利的比较分析

对2001～2019年全球海洋领域主要专利申请国家和机构年度专利申请量进行比较分析，结果表明，中国专利申请量增长优势明显（图6-18）。中国自2006年专利申请量快速上升后，一直处于领先地位，并且与其他国家在专利申请量上的比较优势越来越明显。中国专利申请量持续攀升的可能原因主要有两方面：一是得益于国家专利扶持政策；二是涉海高校和海洋产业的不断拓展。韩国在2011～2017表现出较高的专利申请活跃性。

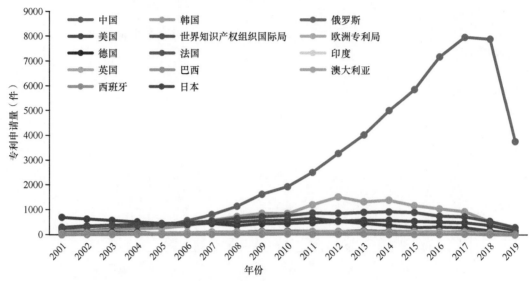

图 6-18　2001～2019 年全球海洋领域主要专利申请国家和机构年度专利申请量变化

从全球海洋领域主要专利申请国家和机构近3年（2017～2019年）专利申请量占专利申请总量的比例来看，中国占比最高，达到41.90%；其次是印度，为30.79%；其他主要国家和机构都在20%以内（图6-19）。日本和英国近3年专利申请占比较低，分别为9.56%和9.57%。

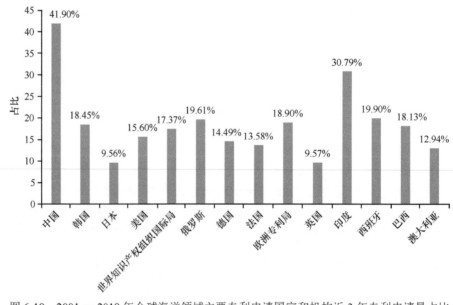

图 6-19　2001～2019 年全球海洋领域主要专利申请国家和机构近 3 年专利申请量占比

第三节　全球视角下我国海洋创新发展分析

一、基于 SCI 论文成果的发展分析

2001～2019年，我国海洋科技论文数量持续快速增长。2019年海洋科技论文数量是2001年的4.84倍，年均增长率为9.16%。由图6-20可以看出，"十一五"期间（2006～2010年）到"十三五"期间（2016～2020年）海洋科技论文数量基本呈线性趋势增长，但增长幅度存在差异；"十二五"

期间，我国海洋领域科技论文数量增幅明显。其中，中国科学引文数据库（Chinese science citation database，CSCD）论文数量呈现波动式增长；SCI论文数量呈持续较快增长之势，尤其是自"十二五"期间我国提出"建设海洋强国"战略以来，增速明显加快。自2013年开始，我国海洋领域SCI论文发文量超过了CSCD论文发文量。

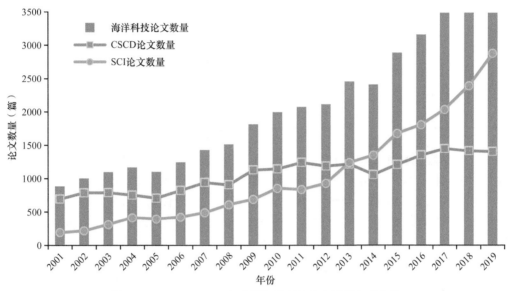

图6-20　2001～2019年我国海洋科技论文数量年度变化

从海洋科技论文数量的年增长率来看，海洋学领域CSCD论文数量除2004年、2005年、2008年、2012年、2014年、2018年和2019年外，其他年份均为正增长趋势，2006年和2009年增长率均为15%以上；除2005年和2011年外，中国海洋领域SCI论文数量均为正增长趋势，SCI论文数量的年增长率在15%及以上的年份为2003年、2004年、2007年、2008年、2010年、2013年、2015年、2018年和2019年（表6-4）。

表6-4　2001～2019年我国海洋科技论文数量及年增长率

年份	CSCD 论文数量（篇）	SCI 论文数量（篇）	海洋科技论文数量（篇）	年增长率（%）	
				CSCD 论文	SCI 论文
2001	694	189	883	—	—
2002	788	215	1003	13.54	13.76
2003	789	309	1098	0.13	43.72
2004	753	413	1166	−4.56	33.66
2005	707	393	1100	−6.11	−4.84
2006	821	419	1240	16.12	6.62
2007	940	487	1427	14.49	16.23
2008	905	607	1512	−3.72	24.64
2009	1127	686	1813	24.53	13.01
2010	1143	852	1995	1.42	24.20
2011	1239	833	2072	8.40	−2.23
2012	1186	925	2111	−4.28	11.04

续表

年份	CSCD 论文数量（篇）	SCI 论文数量（篇）	海洋科技论文数量（篇）	年增长率（%） CSCD 论文	年增长率（%） SCI 论文
2013	1215	1237	2452	2.45	16.15
2014	1059	1346	2405	−12.84	−1.92
2015	1209	1675	2884	14.16	19.92
2016	1351	1806	3157	11.75	9.47
2017	1448	2034	3482	7.18	10.29
2018	1415	2388	3803	−2.28	9.22
2019	1404	2874	4278	−0.78	12.49

　　2001～2019年我国海洋领域SCI论文发表数量为19 688篇，呈现明显增长趋势，尤其是在2012年之后快速增长（图6-21），2019年发表数量是2001年的15.21倍。2013年是SCI论文数量增长的突变年，而后我国海洋领域SCI论文数量呈持续快速增长之势。由图6-22可以看出，2001～2019年全球海洋领域SCI论文发表数量波动较为明显，而我国发表数量则持续增长，尤其是进入"十三五"期间之后，增速加快。同时，根据结果分析，2001～2019年我国海洋领域第一作者SCI论文数量也出现大幅增长（图6-23）。

　　Web of Science（WOS）数据库中收录的每一条记录都有一个包含了它的来源出版物所属的学科类别，覆盖252个学科类别。分析显示，2001～2019年我国海洋领域SCI论文共涉及22个学科类别（表6-5），从一定程度上反映出我国海洋科技研究涉及众多学科领域且学科之间交叉频繁。除海洋学外，在研究成果中涉及较多的学科领域还有海洋工程、土木工程、湖沼学、气象学与大气科学、水资源学、地学交叉科学、海洋与淡水生物学、机械工程、工程学交叉科学、地质工程、采矿与选矿、生态学、地球化学与地球物理学、渔业学，以及海洋科技相关学科及交叉学科领域。

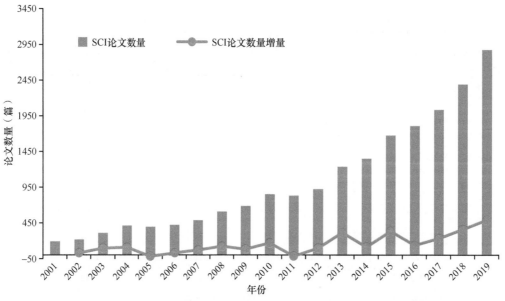

图 6-21　2001～2019 年我国海洋领域 SCI 论文数量年度变化及增量变化

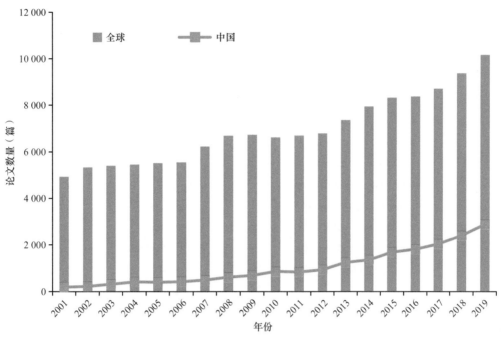

图 6-22　2001 ～ 2019 年我国与全球海洋领域 SCI 论文数量年度变化

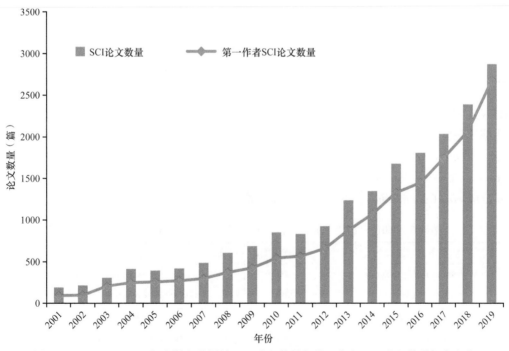

图 6-23　2001 ～ 2019 年我国海洋领域 SCI 论文数量与第一作者 SCI 论文数量年度变化

表 6-5　2001 ～ 2019 年我国海洋领域 SCI 论文学科分布

序号	WOS 学科分类（英文）	WOS 学科分类（中文）	论文数量（篇）
1	Oceanography	海洋学	16 201
2	Engineering, Ocean	海洋工程	5 376
3	Engineering, Civil	土木工程	4 237

序号	WOS 学科分类（英文）	WOS 学科分类（中文）	论文数量（篇）
4	Limnology	湖沼学	2 005
5	Meteorology & Atmospheric Sciences	气象学与大气科学	1 635
6	Water Resources	水资源学	1 593
7	Geosciences, Multidisciplinary	地学交叉科学	1 555
8	Marine & Freshwater Biology	海洋与淡水生物学	1 510
9	Engineering, Mechanical	机械工程	1 349
10	Engineering, Multidisciplinary	工程学交叉科学	926
11	Engineering, Geological	地质工程	415
12	Mining & Mineral Processing	采矿与选矿	415
13	Geochemistry & Geophysics	地球化学与地球物理学	318
14	Ecology	生态学	290
15	Fisheries	渔业学	227
16	Chemistry, Multidisciplinary	化学交叉科学	183
17	Engineering, Electrical & Electronic	电子与电气工程	166
18	Remote Sensing	遥感	99
19	Environmental Sciences	环境科学	83
20	Mechanics	力学	83
21	Paleontology	古生物学	69
22	Energy & Fuels	能源与燃料	3

2001～2019年我国海洋领域SCI论文发表数量前20的期刊分布见表6-6。其中，发文量在1000篇及以上的期刊包括*Acta Oceanologica Sinica*、*Ocean Engineering*、*Chinese Journal of Oceanology and Limnology*、*China Ocean Engineering*、*Journal of Ocean University of China*，*Terrestrial Atmospheric and Oceanic Sciences*、*Journal of Marine Science and Technology*、*Journal of Geophysical Research-Oceans*和*Estuarine Coastal and Shelf Science*发文量均在500篇以上。

表 6-6　2001～2019 年我国海洋领域 SCI 论文发表数量前 20 的期刊分布

序号	期刊名称	论文数量（篇）	序号	期刊名称	论文数量（篇）
1	*Acta Oceanologica Sinica*	1951	11	*Applied Ocean Research*	472
2	*Ocean Engineering*	2015	12	*Marine Georesources & Geotechnology*	415
3	*Chinese Journal of Oceanology and Limnology*	1495	13	*Journal of Navigation*	394
4	*China Ocean Engineering*	1114	14	*Marine Ecology Progress Series*	265
5	*Journal of Ocean University of China*	1000	15	*Marine Geology*	255
6	*Terrestrial Atmospheric and Oceanic Sciences*	929	16	*Ocean & Coastal Management*	254
7	*Journal of Marine Science and Technology*	926	17	*Journal of Atmospheric and Oceanic Technology*	239
8	*Journal of Geophysical Research-Oceans*	915	18	*Journal of Marine Systems*	225
9	*Estuarine Coastal and Shelf Science*	507	19	*Coastal Engineering*	220
10	*Continental Shelf Research*	472	20	*Polish Maritime Research*	219

2001～2019年我国海洋领域SCI论文发表数量前20的机构发文情况见表6-7。其中，中国科学院排名第一，是唯一一所发文量超过2500篇的机构。除中国科学院外，发文量超过1000篇的机构还有中国海洋大学和国家海洋局。除上述机构外，其他主要发文机构分别为上海交通大学、大连理工大学、台湾海洋大学、青岛海洋科学与技术试点国家实验室、厦门大学、台湾大学和浙江大学，发文量在500篇以上。

表 6-7 2001～2019 年我国海洋领域 SCI 论文发表数量前 20 的机构发文情况

序号	机构名称（英文）	机构名称（中文）	论文数量（篇）
1	Chinese Acad. Sci.	中国科学院	3221
2	Ocean Univ. China	中国海洋大学	2492
3	State Ocean. Admin.	国家海洋局	1582
4	Shanghai Jiao Tong Univ.	上海交通大学	858
5	Dalian Univ. Technol.	大连理工大学	836
6	Taiwan Ocean Univ.	台湾海洋大学	835
7	Pilot Nat. Lab. Marine Sci. & Technol. (Qingdao)	青岛海洋科学与技术试点国家实验室	795
8	Xiamen Univ.	厦门大学	640
9	Taiwan Univ.	台湾大学	631
10	Zhejiang Univ.	浙江大学	553
11	Harbin Eng. Univ.	哈尔滨工程大学	491
12	Hohai Univ.	河海大学	488
13	"Taiwan Cent. Univ."	"台湾中央大学"	434
14	Tianjin Univ.	天津大学	407
15	Sun Yat-sen Univ.	中山大学	406
16	Taiwan "Acad. Sin."	台湾"中研院"	393
17	Taiwan Cheng Kung Univ.	台湾成功大学	365
18	Chinese Acad. Fishery Sci.	中国水产科学院	361
19	East China Normal Univ.	华东师范大学	299
20	Tongji Univ.	同济大学	280

二、基于 EI 论文成果的发展分析

2001～2019年我国海洋领域EI论文数量及其占全球比例的年度变化[①]如图6-24所示。2001～2019年，我国海洋领域EI论文数量达到63 724篇，与美国仅差2000余篇。近19年来，我国海洋领域EI论文数量增速远远超过全球EI论文数量增速，2019年我国海洋领域EI论文数量是2001年的22倍多，占全球的比例从2001年的4.73%上升到2019年的34.62%，表明我国对海洋研究日趋重视。

2001～2019年我国海洋领域EI论文的学科分布与国际相似，但我国以结构构件和形状、舰艇、海上建筑物等学科为主题的论文所占比例相对较大，如图6-25所示。

---

① EI未收录中国学位论文。由于论文收录存在时滞，因而近几年论文数据不全，仅供参考，下同。

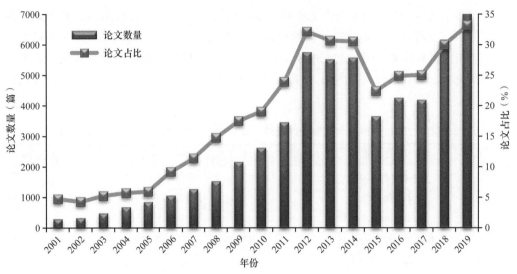

图 6-24　2001～2019 年我国海洋领域 EI 论文数量及其占全球比例的年度变化

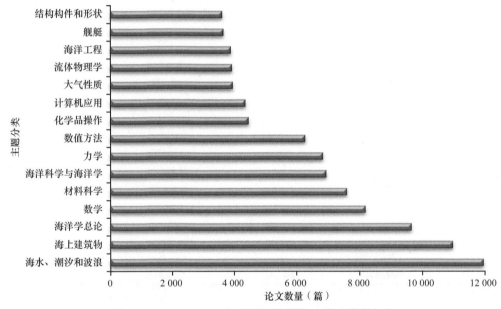

图 6-25　2001～2019 年我国海洋领域 EI 论文学科分布

2001～2019年我国海洋领域EI论文主要发文机构的论文数量及其占全国论文数量的比例如图6-26所示。发文量排名前15的机构大多为综合性高校。中国科学院海洋领域EI论文数量占全国该领域论文总数的10.91%。

三、海洋领域专利申请增势强劲

2001～2019年我国海洋领域专利申请量持续增长，特别是自2006年以来增势强劲（图6-27），2018年专利申请量为2001年的8.37倍[①]。专利申请量保持持续快速增长的态势表明，目前我国海洋领域技术发展尚处于高速增长期，未来专利申请量可能还将进一步增加。

---

①　由于专利申请存在时滞，近3年数据不全，仅供参考，下同。

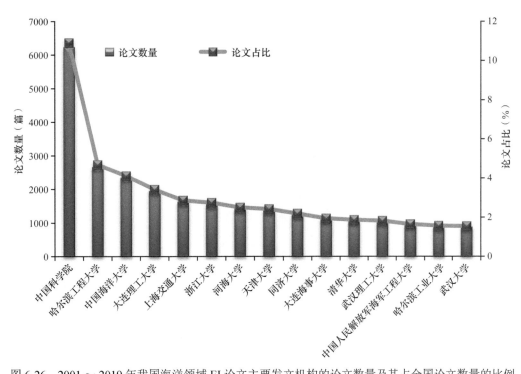

图6-26　2001～2019年我国海洋领域EI论文主要发文机构的论文数量及其占全国论文数量的比例

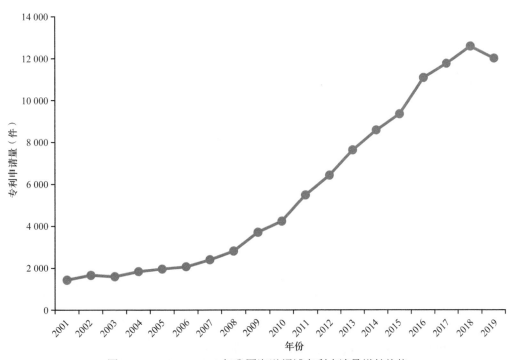

图6-27　2001～2019年我国海洋领域专利申请量增长趋势

2001～2019年，在我国海洋领域专利申请类型中，发明专利占72.47%，实用新型专利占24.53%，外观设计专利占比非常少，仅有3.00%（图6-28）。这种专利申请格局，一方面是受到目前专利政策制度的影响（更重视发明专利），另一方面，说明我国海洋领域专利技术研发占比较高，创新潜力较大。同时，实用新型专利和外观设计专利申请占比偏低，表明我国目前海洋相关科技产品数量较少。

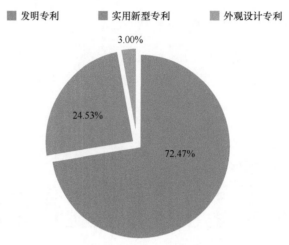

图 6-28　2001～2019 年我国海洋领域专利申请类型构成

从不同类型专利申请量的年度增长趋势来看，在 2001～2019 年我国海洋领域专利申请中，专利申请量增加主要来自发明专利和实用新型专利，外观设计专利申请量增长几乎可忽略不计，如图 6-29 所示。

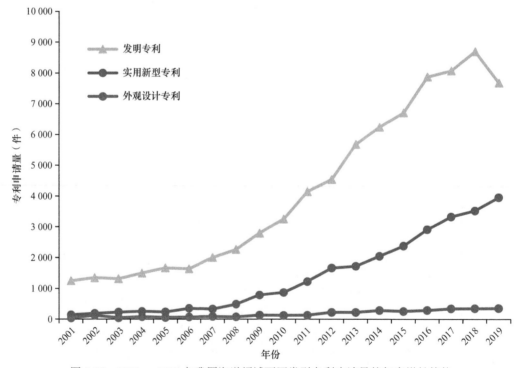

图 6-29　2001～2019 年我国海洋领域不同类型专利申请量的年度增长趋势

2001～2019 年我国海洋领域专利申请出现频次较高的前 15 个技术方向（IPC 分类）依次为（图 6-30）：C02F（污水、污泥污染处理）、A01K（畜牧业；禽类、鱼类、昆虫的管理；捕鱼；饲养或养殖其他类不包含的动物；动物的新品种）、B63B（船舶或其他水上船只；船用设备）、G01N（借助测定材料的化学或者物理性质来测试或分析材料）、F03B（液力机械或液力发动机）、E02B（水利工程）、B01D（分离）、E21B（土层或岩石的钻进）、E02D（基础；挖方；

填方；地下或水下结构物）、A61K（医学用配置品）、C12N（微生物或酶）、C09D（涂料组合物，如色漆、清漆或天然漆；填充浆料；化学涂料或油墨的去除剂；油墨；改正液；木材着色剂；用于着色或印刷的浆料或固体；原料为此的应用）、A23L（不包含在A21D或A23B至A23J小类中的食品、食料或非酒精饮料）、A61P（化合物或药物制剂的特定治疗活性）、C12R（与涉及微生物的C12C至C12Q小类相关的引得表）。

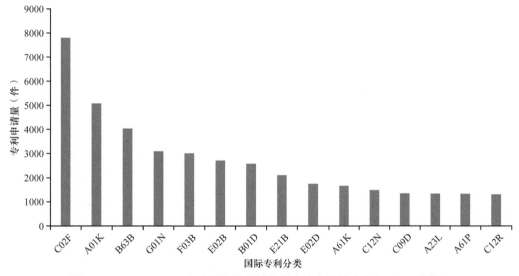

图 6-30　2001 ～ 2019 年我国海洋领域专利申请主要技术方向（IPC 分类）

2001～2019年我国海洋领域专利主要申请省（直辖市）中，山东位居第一（图6-31），主要贡献来自青岛，这与其拥有较多的涉海科研机构和大学密切相关。江苏和浙江分别位列第二和第三，广东位列第四。在其他沿海省（自治区、直辖市）中，广西和海南排名分别为第17位和第19位。在非沿海省（自治区、直辖市）中，湖北位居前列，这主要与其造船相关行业较为发达密切相关。

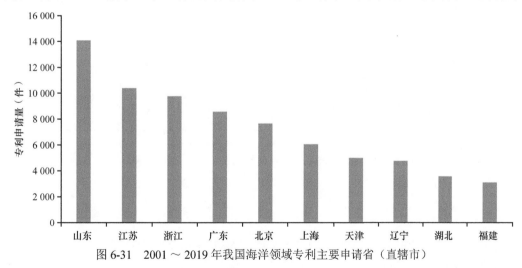

图 6-31　2001 ～ 2019 年我国海洋领域专利主要申请省（直辖市）

2001～2019年我国海洋领域专利主要申请省（直辖市）中，广东外观设计专利申请量位居第一，一定程度上反映了广东海洋相关产品的开发设计水平在国内处于领先地位；山东由于专利申请基数较大，占据了发明专利和实用新型专利申请量首位，如图6-32所示。发明专利申请量占比最高的是黑龙江，达到82.86%，最低的是天津市，为60.99%，实用新型专利申请量占比最高的是天津，达到37.75%，最低的则是黑龙江，为16.53%。

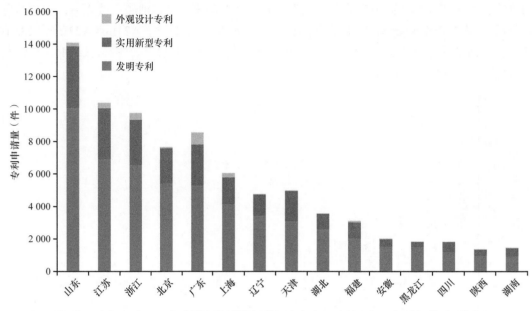

图 6-32　2001 ～ 2019 年我国海洋领域专利主要申请省（直辖市）专利申请类型构成

　　2001～2019年我国海洋领域专利申请量前15的机构中，企业有3家，主要是中国海洋石油相关企业；大学有10家，科研院所有2家，也反映出我国专利申请机构的主要组成单元是大学与科研院所机构，企业占比仍然偏少（图6-33）。

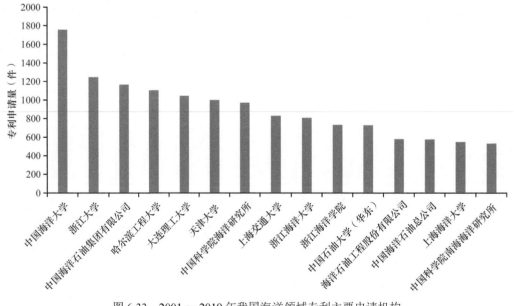

图 6-33　2001 ～ 2019 年我国海洋领域专利主要申请机构

第七章　全球海洋科技创新发展态势分析

本章对2020年国际海洋战略规划、政策性报告及代表性研究成果进行梳理分析，总结近期海洋研究热点及未来发展态势。

2020年，国际组织和世界主要海洋国家针对海洋科技研究战略规划的未来布局从海洋可持续发展、海洋生态系统、海洋观测系统、海洋健康等方面进行相关部署。海洋科学领域在海洋塑料污染、海洋-大气相互作用、海洋生物、极地海洋等方面的研究持续推进，在海平面上升认识、海洋碳汇研究、海洋新技术研发等方面取得诸多突破。

重要海洋研究热点领域和方向主要为海平面上升研究、海洋塑料污染研究、海洋碳汇研究、海洋-大气相互作用研究、海洋生物研究、极地海洋研究、海洋新技术研发与应用等。

未来海洋科学研究将呈现以下态势：①气候变化对海洋的影响研究受到广泛重视；②海洋作为蓝色碳汇的重要性将进一步凸显；③在气候变化的背景下，极地研究将持续推进；④新兴技术将提升海洋仪器装备的智能化水平。

第一节　重要政策及战略规划

在2020年全球海洋科技监测信息中，本节选取若干战略规划与政策性报告及代表性的研究成果开展态势分析研究。

2020年，为大力提升海洋科学通过提供解决方案直接推动可持续发展的能力，"联合国海洋科学促进可持续发展十年"正式发布《联合国海洋科学促进可持续发展十年（2021—2030年）实施计划摘要》，为"联合国海洋科学促进可持续发展十年"所需的科学、数据和知识管理提供了指导，并提倡加强对海洋科学在可持续发展领域的关注。世界主要海洋国家也就重点领域进行了战略部署。美国提出专属经济区绘制计划，确定未来海洋研究与发展重点领域，强调云战略和数据战略的重要性；英国提出海洋科学路线图；欧盟关注海洋与人类健康，加强海洋观测能力；澳大利亚的财年综合预算报告体现了其对海洋研究的重视。

一、国际组织

联合国经济社会事务部于2020年7月7日发布《可持续发展目标报告2020》，对17个SDG的年度进展进行了分析，报告指出：①过去8年，在保护海洋和沿海生态系统（SDG14.2）方面，全球海洋健康指数基本保持不变，其中，一些地区在海洋健康方面评分很低，甚至正在恶化；②在将鱼类种群恢复到可持续水平（SDG14.4）方面，全球渔业资源的可持续性继续下降，尽管速度有所降低，但处于生物可持续水平内的鱼类种群所占比例从1994年的90%下降至2017年的65.8%；③在至少保护10%的海岸和海域（SDG14.5）方面，截至2019年12月，17%以上（即2400万km^2）的国家管辖水域（距离海岸0～200n mile[①]）被保护区覆盖，是2010年的2倍以上；④在禁止过度捕捞及非法、未报告和无管制捕捞活动的补贴（SDG14.6）方面，截至2020年2月，《港口国措施协定》的签约方数量从2019年的58个增加到66个，这是第一个专门针对非法、未报告和无管制捕捞活动的具有约束力的国际协定，近70%的国家在执行该协定方面得分很高。

2020年9月9日，联合国发布由世界气象组织（WMO）负责、多组织机构合作完成的分析报告《联合科学2020》，分析回顾了在科学界协同联合下，气候相关领域的发展状况[②]，直接影响体现为：①根据全球海洋观测系统（GOOS）的系统评估，海洋观测系统包括11个全球海洋原位观测网络主要用于全面评估主要气候风险和海洋变量，为天气预报、商业运输、海洋政策及应对气候变化等提供服务；②非常重要的4项全深度海洋调查（覆盖10多种不同的气候和海洋相关变量，如碳、温度、盐度和碱度）已经被取消，而基于GO-SHIP网络的调查每10年才完成一次；③漂流浮标、水下滑翔机等自主仪器的部署有所放缓。

联合国（UN）评估了"爱知目标"的进展。该目标提出，在2020年之前，陆地生物资源保护区应达17%、海洋应达10%，大幅度增加用于生物资源保护的政府及民间资金。2020年9月，联合国发布了《全球生物多样性进展报告5》[③]，其中海洋生物多样性相关进展如下：在目标6（可持续管理水生物资源）方面，虽然一些国家和地区已取得了实质性进展，但三分之一的海洋鱼类种群被过度捕捞，比例高于2010年以前，许多捕捞活动仍在造成不可持续的非目标物种减少，并破坏海洋生态环境；在目标8（减少污染）方面，富营养化、农药、塑料和其他废弃物造成的污染，仍然是生物多样性丧失的一个主要驱动因素，如塑料污染在海洋和其他生态系统中积累，已对海洋生态系统

---

① 1n mile≈1.852km.
② United in science 2020. https://public.wmo.int/en/resources/united_in_science [2020-09-09].
③ The global biodiversity outlook 5 (GBO-5). https://www.cbd.int/gbo5 [2020-09-15].

造成严重影响，对其他生态系统的影响尚不为人知；在目标10（易受气候变化影响的生态系统）方面，受气候变化和海洋酸化影响的珊瑚礁及其他脆弱生态系统仍面临多重威胁。过度捕捞、营养盐污染和沿海开发加剧了珊瑚白化效应。在所有被评估的种群中，珊瑚的灭绝风险增长最为迅速。一些地区硬珊瑚覆盖率显著下降，珊瑚物种发生变化，支持珊瑚礁生态环境多样化的能力下降；在目标11（保护区）方面，地球上陆地和海洋被指定为保护区的比例已实现2020年的目标。

"联合国海洋科学促进可持续发展十年"（简称"海洋十年"），于2020年10月8日发布了《联合国海洋科学促进可持续发展十年（2021—2030年）实施计划摘要》[①]，重点介绍了"海洋十年"旨在实现的目标，构建人类所需要的科学及"海洋十年"期间的数据和知识管理等内容。数据和信息是实现"海洋十年"成果的关键性推动因素，海洋相关数据、信息和知识的数字化、获取、管理及使用，将成为"海洋十年"成功的基石。为此，未来将重点关注共同设计和建设一个能够呈现整个海洋系统（包括社会和经济特征）且由多个部分组成的分布式数字网络，扩展由数据、信息和知识生产者与使用者组成的人力和机构网络，上述网络将为这一数字生态系统的发展和运作提供支持。最终，这个数字生态系统将涵盖所有类型的海洋数据，包括物理、地质、测深、生物地球化学、生物、生态、社会、经济、文化和治理相关数据，并将纳入现有的和新建成的数字管理平台与工具。

海洋科学在可持续发展领域的关注度持续增强。2020年12月14日，联合国教育、科学及文化组织（UNESCO）在线发布《2020年全球海洋科学报告》（简称GOSR2020），在集成第一版的成功经验基础上，另外关注海洋科学对可持续发展的贡献、科学应用在专利中的体现、对海洋科学人力资源性别平等问题的深入分析、海洋科学能力建设4个主题[②]。报告指出：①海洋科学的潜力得到认可，但是潜力尚未得到充分开发；②海洋科学的资金支持基本不足，影响其提供海洋生态系统服务的能力；③海洋科学领域的女性科学家人数较少，但是女性与会者人数增多；④各国对青年海洋科学家的认可度和支持度差别很大；⑤海洋科学的技术能力在各国和各区域之间的分配仍然不均；⑥全球海洋科学出版物的数量继续增加且区域差异显现；⑦各国管理海洋数据和信息的能力差异妨碍开放获取和数据共享；⑧疫情对海洋观测造成了巨大的负面影响。

二、美国

美国规划了未来七年的研究与发展重点领域。2020年6月，美国国家海洋和大气管理局（NOAA）发布《NOAA研究与发展（R&D）愿景重点领域（2020—2026年）》报告[③]，针对R&D的三个愿景重点领域的关键问题，明确了目标和优先事项，用于指导疫情暴发背景下NOAA在2020～2026年的R&D方向。在海洋和沿海资源的可持续利用与管理方面，提出了以下7个关键问题：①如何利用知识、工具和技术更好地理解、保护和恢复生态系统？②如何在满足土著、娱乐和商业渔业社区需要的同时维持健康和多样化的生态系统？③如何加速美国可持续水产养殖的发展？④海岸及海洋资源、生境及康乐设施的保护等如何与旅游及康乐活动的增长相平衡？⑤在日益增加的海上交通和更大的船舶尺寸下，如何最大限度地提高海上交通效率和安全性？⑥海洋的未开发地区内存在哪些资源？⑦NOAA如何利用和改善社会经济信息，以增强生态系统服务、公共参与实践和经济效益的可持续性？

美国白宫制定用于指导海洋专属经济区绘制工作的战略。2020年6月，美国白宫环境质量委员

---

①　Ocean decade: Summary of the implementation plan. https://oceanexpert.org/document/27348 [2020-08-10].

②　Global ocean science report 2020: Charting capacity for ocean sustainability. https://unesdoc.unesco.org/ark: /48223/pf0000375147？posIn-Set=27&queryId=N-776787c5-07ff-41a0-9255-05def1bf21ce [2020-12-14].

③　NOAA research and development vision areas: 2020-2026. https://repository.library.noaa.gov/view/noaa/24933 [2020-06].

会发布了由海洋政策委员会（OPC）下设的海洋科技（OST）小组委员会编制的《绘制、勘测和表征美国专属经济区的国家战略》①。该战略对接2019年11月19日发布的《美国专属经济区以及阿拉斯加海岸线和近海海洋制图备忘录》，旨在绘制美国的专属经济区，确定美国专属经济区内的优先领域，并利用跨部门合作伙伴的专业知识和资源来勘测并表征这些优先领域，其中重点内容是与私营企业、学术界和非政府组织合作，从而大规模部署新兴科学技术。鉴于此，该战略提出了以下5个目标：①协调机构间行动和资源；②绘制美国专属经济区；③勘测并表征美国专属经济区的优先领域；④开发并培育新兴科学技术；⑤打造公共和私人合作伙伴关系。2020年6月11日，美国白宫发布了由NOAA、阿拉斯加州政府和阿拉斯加制图执行委员会（AMEC）共同制定的《绘制阿拉斯加海岸：保障美国经济、安全和环境的10年战略》②。作为支持美国经济、安全与环境的10年期战略，该战略同样响应了2019年11月19日发布的《美国专属经济区以及阿拉斯加海岸线和近海海洋制图备忘录》提出的要求。根据该战略提出的设想，美国在未来5年内将获得优先领域海岸线制图数据集，并在2030年之前完成阿拉斯加海岸线剩余部分的制图数据集。

美国制定海洋酸化研究计划。2020年7月，NOAA发布《海洋、沿海及大湖区酸化研究计划（2020—2029年）》③，主要包括3个主题：①通过监测、分析和建模来记录并预测环境变化；②表征和预测物种及生态系统的生物敏感性；③了解海洋、沿海和大湖区酸化对人类的影响。该计划从美国国家层面和区域层面对美国海洋酸化的未来研究方向进行了规划，具体涵盖海洋、沿海和大湖区；公海区域；阿拉斯加地区；北极地区；西海岸地区；太平洋岛屿地区；大西洋东南地区和墨西哥湾地区；佛罗里达群岛和加勒比海地区；大西洋中部海岸；新英格兰地区；大湖区等11个地区。

NOAA发布机构层面的云战略及数据战略。2020年7月7日，NOAA发布了云战略及数据战略两项新战略，旨在发挥NOAA海量及多样化数据的功能并释放其潜力④。这两项战略是促进新兴科学技术一揽子战略（无人系统战略、人工智能战略、组学战略、云战略和数据战略）的一部分，将共同推动NOAA在科学、产品及服务领域的创新并指导其实现具有变革意义的进步。NOAA的数据战略将提升NOAA数据管理水平和整体价值，特别是新兴科学技术将极大拓宽NOAA的数据收集能力，从而更好地促进NOAA自身、NOAA合作伙伴和美国的福祉。未来，云战略将通过云服务的快速使用来加速人工智能和组学等领域的创新，确保迈向云的智能过渡，促进对NOAA数据进行广泛且安全的访问，为企业云服务开发高效的管理机制并打造云工作环境。

三、欧洲

欧洲海洋局（EMB）确定海洋和人类健康研究的优先领域。2020年3月30日，EMB牵头发布题为《海洋与人类健康战略研究议程（2020—2030年）》的报告，确定在欧洲建立海洋和人类健康研究能力的目标主题及优先研究领域⑤。该战略议程通过关注三个目标主题巩固海洋和人类健康作为欧洲一门元学科的地位，并针对三个战略目标分别提出相应的优先发展领域，分别为：可持续的海

① National strategy for mapping, exploring and characterizing the U.S. exclusive economic zone. https://oeab.noaa.gov/wp-content/uploads/2021/01/2020-national-strategy.pdf [2020-06].
② Mapping the coast of Alaska: A 10-year strategy in support of the United States economy, security, and environment. https://iocm.noaa.gov/about/documents/strategic-plans/alaska-mapping-strategy-june2020.pdf [2020-06-11].
③ Ocean, coastal and great lakes acidification research plan: 2020-2029. https://oceanacidification.noaa.gov/ResearchPlan2020.aspx [2020-07].
④ NOAA's cloud and data strategies to unleash emerging science and technology. https://www.noaa.gov/media-release/noaa-s-cloud-and-data-strategies-to-unleash-emerging-science-and-technology [2020-07-07].
⑤ A strategic research agenda for oceans and human health: 2020-2030. https://www.marineboard.eu/sites/marineboard.eu/files/public/publication/SOPHIE%20Strategic%20Research%20Agenda_2020_web_0.pdf [2020-03-10].

洋食物和健康的人类；蓝色空间、旅游及福祉；海洋生物多样性、生物技术和医学。

　　EMB指出大数据对海洋科学的支撑作用。2020年4月5日，EMB发布《未来科学简报：海洋科学中的大数据》报告，概述了大数据支持海洋科学的最新进展、挑战和机遇[①]，提出了气候与海洋生物地球化学面临的挑战及建议、海洋生境保护制图方面的挑战及建议、海洋生物观测方面的挑战及建议、海洋与海洋提供的食物方面的挑战及建议。

　　欧洲发布战略以推动海洋能研究与创新。2020年5月，欧洲海洋能技术与创新平台（ETIP OCEAN）发布了《海洋能战略研究与创新议程》[②]。其中，2021～2025年重点研究与创新领域提出了六大领域：海洋能设备设计与验证；基座、连接与系泊装置；海上物流及运行；能源系统集成；数据收集、分析和建模工具；交叉研究领域。

　　EMB介绍未来海洋观测的计划、战略与路线图。2020年9月10日，EMB发布了《有助于预见未来海洋观测的计划、战略与路线图报告》。该报告重点介绍了120多项有助于国际、欧盟和区域性海洋及海盆这三个层面的海洋观测计划、战略与路线图[③]，提出了海洋观测活动的复杂性及其对海洋观测的影响。该报告通过提供基本的观测计划和文件，为2019年11月1日启动的为期50个月的"欧洲海洋：改进并整合欧洲海洋观测与预报系统，以实现海洋的可持续利用"项目提供指导。

　　欧洲海洋能行业协会（Ocean Energy Europe）发布关于未来10年海洋能的愿景报告。2020年10月13日，欧洲海洋能行业协会发布了《2030年海洋能愿景：未来部署、成本与供应链行业分析》，明确了海洋能未来10年的道路[④]。该报告提出，到2030年欧洲海洋能装机将达3GW，潮流能的成本将降至90欧元/(MW·h)，波浪能的成本将降至110欧元/（MW·h）。针对2030年部署预测，报告提出了高增长和低增长两种场景。在高增长场景下，就潮流能的部署而言，到2030年潮流能装机将达2388MW，占据欧洲产能的93%，成本降低至约90欧元/（MW·h）；就波浪能的部署而言，到2030年波浪能装机将达494MW，占据欧洲产能的87.5%，成本降低至110欧元/（MW·h）。在低增长场景下，就潮流能的部署而言，到2030年潮流能装机将达1324MW，占据欧洲产能的93%，成本降低至100欧元/（MW·h）；就波浪能的部署而言，到2030年波浪能装机将达178MW，占据欧洲产能的87.5%，成本降低至150欧元/（MW·h）。

　　国际研究项目关注欧洲渔业和水产养殖业的气候变化风险。2020年6月2日，国际渔业和水产养殖研究项目"气候变化和欧洲水产资源"（CERES）发布《气候变化和欧洲水生资源》[⑤]。该报告重点关注最具商业价值的鱼类和贝类，进而发现欧洲渔业和水产养殖业面临的气候变化风险、机遇和不确定性。该报告取得以下研究结果：①气候变化对37种珍稀渔业和水产养殖物种分类中的鱼类和贝壳类动物在物理、生物地球化学及生物方面的具体影响；②使用4种气候变化场景预测5个区域海洋中各种渔船（混合或单一物种的海底及远海捕鱼）的获利能力；③建立针对固定地区、具有特定物种的"典型农场"，并计算了几种PESTEL（政治、经济、社会、技术、环境和法律）气候变化场景的经济影响；④根据9种关键物种的生理耐受性和22个国家的经济数据，得出欧洲水产养殖

　　① Future science brief: Big data in marine science. https://www.marineboard.eu/sites/marineboard.eu/files/public/publication/EMB_FSB6_BigData_Web_0.pdf [2020-04-05].

　　② Strategic research and innovation agenda for ocean energy. https://www.oceanenergy-europe.eu/wp-content/uploads/2020/05/ETIP-Ocean-SRIA.pdf [2020-05].

　　③ EuroSea report policies foresight final. https://www.marineboard.eu/sites/marineboard.eu/files/public/publication/D1.1_EuroSea_Report_policies_foresight_final.pdf [2020-09-10].

　　④ 2030 ocean energy vision: Industry analysis of future deployments, costs and supply chains. https://www.oceanenergy-europe.eu/wp-content/uploads/2020/10/OEE_2030_Ocean_Energy_Vision.pdf [2020-10-13].

　　⑤ International fishery and aquaculture research project published synthesis report. https://www.pml.ac.uk/News_and_media/News/International_fishery_and_aquaculture_research_pro [2020-06-02].

行业的可捕性排名；⑤有关气候变化将如何影响全球鱼粉和鱼油贸易的预测；⑥建立自下而上（行业驱动）和自上而下（政策）的解决方案。

地平线2020项目启动"大西洋计划"以测绘和评估大西洋的可持续发展状态。2020年10月，地平线2020项目启动"大西洋计划"，英国国家海洋学中心（NOC）的科学家与来自欧洲国家、巴西、南非、加拿大和美国的海洋专家合作，绘制和评估气候变化、自然灾害及人类活动对大西洋生态系统当前和未来的风险[①]。大西洋计划得到了欧盟地平线2020计划1150万欧元的资助，将是第一个在大西洋盆地内开发和系统应用综合生态系统评估（IEA）的倡议。大西洋计划将利用高分辨率的海洋模型、人工神经网络、风险评估方法和先进的统计方法，准确评估大西洋海洋生态系统所承受的压力，查明自然灾害和人类活动影响最有风险的部分。通过这种方式，掌握科学知识的管理者和决策者可以在环境保护的需要和安全、可持续的发展之间取得平衡。

英国制定海洋设施技术路线图。2020年6月29日，NOC发布了《国家海洋设施（NMF）技术路线图（2020—2021年）》，概述了英国的海洋设施能力，并对海洋科学的未来及新技术进行了展望[②]。该路线图指出了NMF未来几年如何开发国家海洋装备库（NMEP），包括在船上配备的仪器及相关的配套基础设施，解释了这些能力如何支持英国自然环境研究委员会（NERC）提出的增强综合国力的计划（大型研究基础设施）、如何应用于海洋科学、如何帮助实现综合观测系统这一更宏伟的目标，以及所收集的数据如何支持全球海洋观测系统（GOOS）及其组成部分。

英国发布推进海洋可持续发展和生产力提升的海洋科学路线图。2020年7月，英国海洋科学协调委员会（MSCC）发布了《面向海洋可持续性和生产力的海洋科学：路线图概要》，旨在助力实现《英国海洋愿景》提出的"洁净、健康、安全、极具生产力和生物多样性的海洋"目标[③]。MSCC对其发展方向进行了调整，并确定了9个优先事项，以实现英国的海洋愿景，具体为：①更好地了解海洋生态系统提供生态系统服务、自然资源及社会和经济效益的能力；②更好地了解海洋生态系统的结构、功能、恢复力和变化；③更好地了解气候变化的影响，包括多重压力因子和反馈效应，以及海洋应对不断变化的气候的承受力及恢复力；④在国际论坛上推广并代表英国海洋科学，加强现有的伙伴关系，并在此基础上与包括研究组织和基础机构在内的国际合作伙伴建立新的关系；⑤更好地实现海洋科学数据的高效获取、存储、利用及安全；⑥更好地了解社会与海洋的关系；⑦更好地了解气候变化对海洋生态系统食物、能源、矿产资源供应能力，以及自然灾害抵御能力的综合影响；⑧支持对海洋环境和系统的长期监测、观察及测绘；⑨促进高质量的海洋科学前沿信息交流。

挪威科学联盟推动国际合作探索北冰洋。挪威政府将北极定义为其最重要的战略外交政策区域。由挪威13个科研和教育组织组成的联盟GoNorth正在推动一个全面、跨学科的北冰洋研究项目[④]。GoNorth的使命是自行或通过国际合作组织发起一系列科学考察，旨在获取有关海洋区域的新基础知识。GoNorth拟分步采取行动，从斯瓦尔巴群岛北部沿海地区开始，然后逐渐向北移动。

法国MISTRALS研究计划为地中海研究提供新动力。MISTRALS研究计划是由法国国家科学研究中心（CNRS）主持、来自23个国家的1000多名科学家组成的致力于研究地中海地区环境和全球

① International, horizon 2020 project, "Mission Atlantic" launched to map and assess sustainable development of the Atlantic Ocean. https://noc.ac.uk/news/international-horizon-2020-project-mission-atlantic-launched-map-assess-sustainable-development [2020-10-05].

② National marine facilities: Technology road map 2020/21. https://noc.ac.uk/files/documents/about/ispo/COMMS1155%20NMF%20TECH-NOLOGY%20ROADMAP%202020201%20V4.pdf [2020-06-29].

③ UK marine science for sustainable and productive seas: Road map summary. https://assets.publishing.service.gov.uk/government/uploads/system/uploads/attachment_data/file/905452/mscc-road-map-summary.pdf [2020-07].

④ GoNorth is a "go". https://www.unis.no/gonorth-is-a-go/ [2020-03-03].

变化的项目[1]。项目为期10年，2010年设立研究计划，项目于2020年结束。MISTRALS由多个主题组成，分为五个主要领域：气候、环境和社会；水循环和极端事件；污染和污染物；生态系统和生物多样性；21世纪气候变化影响。

四、其他国家和地区

加拿大为新的海洋研究项目提供投资。2020年6月4日，加拿大海洋前沿研究所（OFI）提出投入1600万美元用于6个新的海洋创新研究项目，每个项目计划投资120万～400万美元[2]。此次计划预计将持续到2023年，重点包括两个主题：①关于作为气候海洋的北大西洋，了解北大西洋和加拿大北极门户中影响气候、生产力和生态系统的物理、化学及生物过程；②关于沿海社区和海洋，处理不断变化的海洋动态如何影响沿海社区，以及迅速发展的社会和经济活动如何影响海洋环境。六大项目为："同一片海洋健康"项目、"海洋环境变化中的近海地下水资源：爱德华王子岛周围的大陆架"项目、"海洋气候不断变化条件下的底栖生态系统图谱绘制，以实现可持续海洋管理"项目、"沿海基础设施"项目、"西北大西洋碳泵"项目和"可持续的Nunatsiavut未来"项目。

澳大利亚实施世界首个海洋热浪研究项目。2020年8月21日，澳大利亚环境部部长和澳大利亚工业科学技术部部长共同宣布澳大利亚政府将资助全球首个能够提前几个月提供有关海洋热浪警报的研究项目[3]。该项目共投资30万澳元，由澳大利亚气象局和澳大利亚联邦科学与工业研究组织（CSIRO）共同开展的项目是为澳大利亚海洋工业提供极端事件预警的关键一步。海洋热浪与任何其他极端天气现象一样，可能会对礁石、鱼类种群、水产养殖产量、迁移方式和生物多样性造成不利影响。因此，必须投资开发切实可行的解决方案，以减轻和管理气候变化带来的风险。通过发出预警，海洋产业及渔业和水产养殖业的管理者将能够采取行动，将这些破坏性热浪对其种群和海洋资源的影响降至最低。这还将加强对澳大利亚的珊瑚礁和其他海洋环境进行的重要保护工作，对澳大利亚的旅游业和保护海洋生态系统至关重要。

澳大利亚财年预算确定了海洋科学的重点研究方向。2020年10月6日，澳大利亚工业、科学、能源与资源部发布了《2020—2021财年综合预算报告》，其中涉及海洋的预算主要由澳大利亚海洋科学研究所（AIMS）负责[4]。2020～2021年，AIMS将着重实现9项研究成果：①全面的热带海洋生态系统基线、状态与趋势报告系统；②通过采用创新型自主海洋观测技术与评估方法，以高效率、低成本的方式提供信息；③通过有效的关键生境与种群保护及管理手段，使受威胁及濒危海洋物种得以恢复；④在区域性环境状况与运作模型的指导下，加强对热带海洋生态系统的管理；⑤通过开发能够管理局部、区域性和累积压力的高效解决方案，改善热带海洋生态系统的健康状况；⑥基于珊瑚礁种群的恢复范围与速度和对气候变化适应性的相关信息，提升对未来珊瑚礁状况的预测能力；⑦开发珊瑚礁恢复的新工具，以增强关键珊瑚种群对环境变化的抵抗力与恢复力，尤其是气候变化；⑧通过改进后的数据分析工作流程与知识传递系统加强工业界、政府和公众对热带海洋生态系统的理解；⑨通过开发将风险、监测、建模与适应性管理相结合的结构化决策支持工具来加强管理与政策引导。

---

[1]　MISTRALS gives fresh impetus to research in the Mediterranean. https://news.cnrs.fr/articles/mistrals-gives-fresh-impetus-to-re-search-in-the-mediterranean [2020-11-22].

[2]　Ocean frontier institute releases details on $16 million in new ocean research. https://www.dal.ca/news/2020/06/04/ocean-frontier-institute-releases-details-on--16-million-in-new-.html？utm_source=dalnewsRSS&utm_medium=RSS&utm_campaign=dalnews [2020-06-04].

[3]　World first marine heatwave research. https://www.csiro.au/en/News/News-releases/2020/World-first-marine-heatwave-research [2020-08-21].

[4]　Budget 2020-21: Portfolio budget statements. https://www.industry.gov.au/about-us/finance-reporting/budget-statements [2020-10-06].

俄罗斯批准北极地区发展政策。俄罗斯总统普京于2020年3月5日签署命令，批准了《2035年前俄罗斯联邦北极地区发展和国家安全保障战略》，以提升俄罗斯北极地区居民的生活质量，促进该地区经济发展，保护北极环境和少数民族传统生活方式[①]。俄罗斯政府北极政策提出，到2035年要使北极航线成为有国际竞争力的国家运输动脉，为此俄罗斯将实施一系列水文、气象、导航方面的建设；推进北极地区港口建设和现代化，扩展机场网络，增加通往定居点的公路，改善通信服务基础设施和电力系统；扩大运输能力，修建铁路，以方便产品沿北海航线出口。

第二节　热点研究方向

在对2020年全球海洋研究论文进行梳理后，遴选出7个重要的研究热点领域和方向：海平面上升研究、海洋塑料污染研究、海洋碳汇研究、海洋-大气相互作用研究、海洋生物研究、极地海洋研究、海洋新技术研发与应用。

一、海平面上升研究

英美联合研究揭示自1900年以来海平面上升的原因。2020年8月19日，刊登在《自然》（*Nature*）期刊上的一项由美国国家航空航天局（NASA）和英国国家海洋学中心（NOC）联合开展的研究通过利用NOC提供的最新全球验潮仪数据集，首次确定了驱动海平面变化及其相关作用的所有关键过程[②]。这项新研究解释了自1900年至今海平面上升速度的所有复杂变化，证实了20世纪70年代以来海平面上升速度的加快是海洋热膨胀和格陵兰岛海冰流失增加的共同作用所致。研究结果表明，自1900年以来，主要由冰川海冰流失引起的海平面上升是热膨胀作用的2倍。20世纪40年代，冰川和格陵兰岛冰原的质量流失是全球海平面快速上升的主要原因。20世纪70年代，人工水库的急剧增加是海平面低于平均水平的主要原因。自20世纪70年代以来，海平面上升速度的加快受海洋热膨胀和格陵兰岛海冰流失增加的共同作用。

随着地球变暖，海平面变化或将加剧。2020年8月20日，刊登在《通讯-地球与环境》（*Communications Earth & Environment*）期刊上的一项研究指出，由夏威夷大学马诺阿分校海平面中心研究人员牵头的研究小组利用全球气候模型对未来海平面预测进行了评估[③]。就该研究所分析的29个模型而言，从季节到年际时间尺度来看，未来海平面变化进一步加剧已成为全球趋势。海平面随地球变暖而上升的原因主要有两个：①冰川和冰原等陆地冰块的融化；②伴随海洋温度升高的海水膨胀，即热膨胀。未来全球海平面平均上升速度将伴随地球变暖而加快，部分原因在于海洋在温度越高的情况下膨胀速度越快。在受海洋热力学和其他气候变化过程双重影响的地方，未来海平面变化的增幅最大。在海平面缓慢上升和海洋环境变化的共同作用下，沿海洪水的暴发频率越来越高。

国际"冰盖模型对比项目"（ISMIP6）揭示海冰流失及海平面上升预测结果。2020年9月17日，《冰冻圈》（*The Cryosphere*）杂志刊登了由来自36个研究机构的研究人员完成的始于2014年的ISMIP6的研究结果，ISMIP6通过对格陵兰岛和南极冰盖的模拟结果进行比较，预测了到2100年

---

① Президент утвердил Основы государственной политики в Арктике. https://www.industry.gov.au/about-us/finance-reporting/budget-statements [2020-10-06].

② The causes of sea-level rise since 1900. https://www.nature.com/articles/s41586-020-2591-3.epdf? sharing_token=Yye01L2USOpEqCzA-vNt1ENRgN0jAjWel9jnR3ZoTv0PZRldAsx7NlIPtDsbDQec91OxI7puNxfzmoe4NGqNmLAoajcwv3zYZNY5EWufcOwxOv4EcAx_yBYWRhY4v-LaEwoV5JJqvSTFDbbrA10dwU_CXf4fqedoY4hPGL-lynjU%3D [2020-08-19].

③ Larger variability in sea level expected as earth warms. https://www.sciencedaily.com/releases/2020/08/200820112850.htm [2020-08-20].

冰盖融化对全球海平面上升的影响程度[①]。格陵兰岛的对比结果呈现出一致性：如果温室气体排放水平居高不下，格陵兰岛的海冰流失量将导致全球海平面上升9cm。此外，在ISMIP6中，研究人员针对两种不同的气候场景计算了2015～2100年冰盖融化对全球海平面上升的影响程度并提出了3点发现：①格陵兰岛模型低估了气候变化的影响；②随着全球气候变暖，南极东部的海冰将增长；③预测信心增强，但仍存在不确定性。

二、海洋塑料污染研究

南极海底存在大量微塑料。2020年10月23日，刊登在《环境科学与技术》（*Environmental Science & Technology*）期刊上一项由利物浦约翰摩尔斯大学、贝尔法斯特女王大学和英国南极调查局（BAS）的研究人员共同完成的新研究指出，南极海底的微塑料污染数量与北大西洋及地中海相同[②]。研究发现，93%的沉积物岩芯中存在微塑料污染。微塑料的主要形式表现为一些用于包装的常见聚合物（聚酯、聚丙烯和聚苯乙烯）碎屑、薄膜和纤维。另外，微塑料颗粒的数量与黏土在岩芯中的占比存在显著的相关性，这表明微塑料具有与低密度沉积物相似的扩散活动。该研究表明，南极和南大洋深海的微塑料污染数量高于此前估计的数量。

大西洋塑料垃圾数量远超预计。2020年8月18日，刊登在《自然·通讯》（*Nature Communications*）期刊上一项由NOC牵头的研究指出，大西洋上层水域"隐形"微塑料数量巨大，为1200～2100万t[③]。其规模已与过去65年进入大西洋的1700万t塑料垃圾总量相当。这表明进入海洋的塑料数量被严重低估了。此前的数值之所以不一致，原因在于较早的研究并未计入海洋表面以下"隐形"微塑料颗粒的数量。而此次的研究则横跨大西洋，首次计入了这些"隐形"微塑料的数量。

美国是海岸环境中塑料污染的主要来源。2020年10月30日，刊登在《科学进展》（*Science Advances*）期刊上的一项由海洋教育协会、佐治亚大学和海洋保护协会等机构的研究人员共同完成的一项新研究指出，在计入美国的废塑料出口量及最新的非法倾倒和随意丢弃的塑料垃圾数量后，就造成海岸塑料污染的全球排名而言，美国位列第3。这项新研究挑战了由来已久的观点，即美国通过收集、适当掩埋、回收或其他方式对其塑料垃圾进行了适当"管理"[④]。先前的一项研究使用了2010年的数据，由于并未计入塑料垃圾的出口量，因此就垃圾管理不善而造成的海洋塑料污染影响程度而言，美国排在全球第20位。研究人员根据目前最新的全球数据，即2016年的塑料垃圾统计数据得出，在美国收集的用于回收的塑料当中，一半以上被运往了国外。其中，88%的塑料垃圾进入了垃圾管理、回收或处理能力本身就欠缺的国家，15%～25%的塑料垃圾价值较低或受到了污染，因此无法进行有效回收。鉴于以上因素，研究人员估计有100万t来自美国的塑料垃圾对美国以外的环境造成了污染。

海表面清理技术不能解决海洋塑料问题。2020年8月3日，埃克塞特大学、莱布尼茨热带海洋研究中心、莱布尼茨动物园和野生动物研究所、不来梅雅各布大学研究人员在《整体环境科学》（*Science of The Total Environment*）合作刊文指出，海表面清理技术不能解决海洋塑料问题，减少

① Model comparison: experts calculate future ice loss and the extent to which Greenland and the Antarctic Will contribute to sea-level rise. https://www.awi.de/en/about-us/service/press/press-release/model-comparison-experts-calculate-future-ice-loss-and-the-extent-to-which-greenland-and-the-antarc.html [2020-09-17].
② Microplastics 'abundant' in remote polar seas. https://www.bas.ac.uk/media-post/microplastics-abundant-in-remote-polar-seas/ [2020-10-23].
③ New study estimates there is at least 10 times more plastic in the Atlantic than previously thought. https://noc.ac.uk/news/new-study-estimates-there-least-10-times-more-plastic-atlantic-previously-thought [2020-08-18].
④ New study reveals United States a top source of plastic pollution in coastal environments. https://www.sciencedaily.com/releases/2020/10/201030142125.htm [2020-10-30].

塑料排放和加强塑料收集是消除海洋塑料垃圾的唯一办法[①]。

国际研究小组开发了可量化塑料对海洋野生生物影响的新方法。2020年8月13日，由日本东京工业大学、克罗地亚鲁埃尔博斯科维奇研究所及荷兰阿姆斯特丹自由大学的研究人员组成的国际研究小组在《生态学快报》（*Ecology Letters*）发表了题为《通过量化塑料垃圾对海洋野生生物的影响确定生态临界点》的新研究[②]，该研究提出了首个可量化塑料摄入对海洋动物影响的机制模型。以海龟为例，这种量化手段表明，尽管在海龟个体身上观察不到显著影响，但整体而言，塑料摄入可能会导致海龟种群减少。通过与相应的数据库相结合，该模型能够直接应用于其他受塑料摄入影响的生物，如海鸟和海洋哺乳动物。

三、海洋碳汇研究

英国研究揭示海冰在控制大气CO_2方面的作用。由英国基尔大学牵头、埃克塞特大学专家参与的研究小组于2020年6月22日发表的研究指出，随着全球气候变暖，海冰的季节性生长和破坏导致南极周围海洋中的生物数量增加，从而进一步减少了大气中的碳含量并将其存储在深海中[③]。南极附近的南大洋已经捕获了迄今为止因人类活动而进入海洋的一半碳，因此它对于调节人类活动产生的CO_2水平至关重要。气候模型表明，在南大洋明显的寒冷期，即南极冷逆转（Antarctic cold reversal）期间，CO_2稳定期与海冰季节性变化最大的时间相重合。在此期间，南大洋的海冰大幅增长，但是随着全球气候变暖，每年夏季海冰都会迅速破坏。该研究揭示了过去气候变化时期南极海冰在控制大气中CO_2水平方面所起的关键作用，并为未来气候变化模型的开发提供了关键资源。在新一代模型中纳入对气候-碳反馈起控制作用的海冰活动，有助于降低气候预测的不确定性，并提升对未来气候变暖的适应度。

英国研究指出海洋的碳吸收能力被低估。2020年9月4日，刊登在《自然·通讯》（*Nature Communications*）期刊的一项研究指出，在全球范围内，海洋吸收的碳量高于大多数模型所显示的数量[④]。海洋作为碳汇吸收了因人类活动产生的约25%的CO_2，高于2Pg C/a。之前的CO_2通量估算值由海洋表面CO_2浓度得出，并未校正海洋表面和表面以下几米处的温度差数据。鉴于此，该研究校正了以上影响因素并计算了1992～2018年的海洋-大气CO_2通量。结果显示，进入海洋的净通量增加了0.8～0.9 Pg C/a，有时甚至是未校正值的2倍。研究人员使用多种插值法对其中的不确定性进行了评估，发现2000年之后全球范围内或整个北半球通量结果呈收敛趋势。研究表明，海洋表面吸收的CO_2与海洋中CO_2储量增加的估算结果一致，证实了大多数海洋模型低估了海洋的碳吸收水平。

全球智库世界资源研究所（WRI）提出利用海洋的碳吸收潜力降低大气CO_2浓度的手段。2020年10月8日，WRI发布了题为《利用海洋的碳吸收潜力》的文章，提出了依靠海洋从大气中清除CO_2的三种手段，包括生物学手段、化学手段及电化学手段[⑤]。生物学手段强调利用光合作用捕获CO_2，从而达到除碳目的，具体包括生态系统恢复、大规模海藻栽培和铁质施肥。化学手段指进一步提高碱度，包括向海洋添加不同类型的矿物质，从而与溶解CO_2发生反应并将其转化为溶解碳酸

---

① Surface clean-up technology won't solve ocean plastic problem. https://www.sciencedaily.com/releases/2020/08/200804085923.htm [20020-08-03].

② Quantifying impacts of plastic debris on marine wildlife identifies ecological breakpoints. https://onlinelibrary.wiley.com/doi/10.1111/ele.13574 [2020-08-13].

③ Research sheds new light on the role of sea ice in controlling atmospheric carbon levels. https://www.sciencedaily.com/releases/2020/06/200622133008.htm [2020-06-22].

④ Revised estimates of ocean-atmosphere CO_2 flux are consistent with ocean carbon inventory. https://www.nature.com/articles/s41467-020-18203-3 [2020-09-04].

⑤ Leveraging the Ocean's carbon removal potential. https://www.wri.org/blog/2020/10/ocean-carbon-dioxide-sequestration [2020-10-08].

氢盐。随着溶解CO_2转化为溶解碳酸氢盐，空气中的CO_2相对浓度会降低，从而使海洋与大气边界处吸收更多大气中的CO_2。与化学手段的不同之处在于，电化学手段通过在海水中部署电流实现其目标。电化学手段也可能产生有用的H_2或浓缩CO_2，可用于工业或存储。该方法的推广将取决于相应地点低碳能源的可获取性。

四、海洋-大气相互作用研究

美国研究发现，近几十年来热带气旋移动速度加快，同时大西洋飓风和东亚天气系统之间存在关联。2020年9月2日，《环境研究快报》（*Environmental Research Letters*）刊登了一项由夏威夷大学马诺阿分校研究人员完成的研究，该项研究指出，自1982年以来，热带气旋在海洋盆地中的移动速度一直在加快[1]。此外，北大西洋地区飓风频率有所增加，太平洋和大西洋的热带气旋活动均向极地方向转移，以上发现则是自然变化与人为因素导致的气候变化双重作用的结果。全球热带气旋平均平移速度的增大主要归因于以下两个方面：①就全球热带气旋平均平移速度的位置而言，北大西洋热带气旋的相对比例有所上升（每10年4.5%），而该地区的热带气旋平均平移速度是所有海盆中最快的；②热带气旋活动向极地方向的转移。上述两种因素对全球热带气旋平均平移速度趋势的贡献率分别为76.8%和25.8%。2020年8月11日，爱荷华大学研究人员发表在《地球物理研究快报》（*Geophysics Research Letters*）期刊上题为《研究人员发现大西洋飓风和东亚天气系统之间存在联系》的研究指出，东亚的气候系统可能会影响大西洋热带风暴发生的频率，导致大西洋热带气旋数量减少[2]。研究人员根据1980～2018年的观测，发现7～10月东亚副热带急流与8～11月大西洋热点气旋和飓风发生的频率之间存在关联。这种强烈的关联主要源自东亚亚热带急流从东亚和热带太平洋向北大西洋发出的静止罗斯贝波的影响，导致大西洋主要发展区垂直风切变的变化。

国际研究观测到南大洋的未知洋流并揭示南大西洋关键环流特征。2020年6月23日，哥德堡大学海洋科学系的研究人员利用放置在海豹身体上先进的海洋机器人和科学传感器，首次观察到南大洋虽小却异常活跃的洋流，这些洋流对于控制海洋与大气之间的热量和碳传递至关重要[3]，同时也是认识全球气候及未来气候如何变化的关键。2020年8月5日，《科学进展》（*Science Advances*）刊登题为《南大西洋上层和深层翻转流具有高度多变性》的文章，首次描述了南大西洋关键深层洋流的日变化率[4]。研究表明，这些关键洋流存在强烈的变化，而这些变化与全球气候和天气有关。此外，南大西洋上层和深层的环流模式常常彼此独立地发生变化，这进一步补充了对于大西洋经向翻转环流（MOC）的重要认识。

国际研究揭示了洋流变化与极端天气之间的联系。2020年9月17日，刊登在《气候》（*Climate*）期刊上一项由伍兹霍尔海洋研究所（WHOI）和德国基尔亥姆霍兹海洋研究中心（GEOMAR）联合完成的研究分析了对澳大利亚西海岸海洋环流及海洋生物产生重大影响的大陆架边缘海洋热浪和洋流[5]。研究人员首次在南印度洋发现，海洋热浪的影响范围波及澳大利亚整个西海岸海洋表面以下300m甚至更深。同时还发现，在出现拉尼娜现象的年份，向南流动的利文流（Leeu-

---

① Tropical cyclones moving faster in recent decades. https://www.sciencedaily.com/releases/2020/10/201019164947.htm [2020-09-02].

② Researchers find link between Atlantic hurricanes and weather system in East Asia. https://www.nsf.gov/discoveries/disc_summ.jsp? cntn_id=301045&org=NSF&from=news [2020-08-11].

③ Unknown currents in Southern Ocean have been observed with help of seals. https://www.gu.se/english/about_the_university/news-calendar/News_detail/unknown-currents-in-southern-ocean-have-been-observed-with-help-of-seals-.cid1689521 [2020-06-23].

④ Highly variable upper and abyssal overturning cells in the South Atlantic. https://www.science.org/doi/10.1126/sciadv.aba7573 [2020-08-05].

⑤ Depth structure of Ningaloo Niño/Niña events and associated drivers. https://journals.ametsoc.org/jcli/article/doi/10.1175/JCLI-D-19-1020.1/ [2020-09-17].

win current）变得更加强劲，并且与海洋更深处的异常高温有关。以上现象均出现在2011年的海洋热浪暴发期间，此次海洋热浪导致宁格鲁礁（Ningaloo Reef）出现有记录以来的首次白化，并且附近的海藻丛大量丧失。然而，在厄尔尼诺时期，与海洋热浪有关的温度和盐度异常仅限于海洋表面，这表明复杂的海洋活动在海洋深处的极端事件中起着重要作用。印度洋的异常现象导致澳大利亚出现极端天气。2020年3月10日，伍兹霍尔海洋研究所（WHOI）发表在《自然》（Nature）上的研究指出，澳大利亚东南部的气候变得越来越炎热和干燥，原因在于印度洋的表面温度发生了显著变化[①]。研究发现，印度洋偶极子（Indian Ocean dipole，IOD）现象是2019年澳大利亚严重干旱和出现创纪录高温的主要原因。该现象不仅影响澳大利亚的气候，还导致东非暴发洪水、印度季风出现变化，也是印度尼西亚地区在2019年发生野火的主要原因。

海洋热浪的频率和强度进一步增强。2020年5月26日，美国斯克里普斯海洋研究所（SIO）发表在《地球物理学研究杂志：海洋》（Journal of Geophysical Research：Oceans）期刊上的研究指出，气候变化是2018年8月南加州海湾海洋热浪破纪录出现的主要因素[②]。2020年9月25日，刊登在《科学》（Science）期刊上由德国波恩大学完成的研究指出，受人为因素影响，全世界范围内海洋热浪的暴发频率已经增长了20多倍[③]。同时，海洋热浪对生态系统及渔业造成了破坏，要完全恢复海洋生态系统则需要很长的时间。该研究主要提出了以下两点发现：①20世纪80年代以来热浪事件呈现大幅增长趋势；②没有雄心勃勃的气候目标，海洋生态系统可能会消失。研究表明，受人为因素影响，重大海洋热浪事件的暴发频率增长了20多倍。根据目前全球变暖的进度，海洋热浪将来会成为常态。如果人类能够将全球变暖控制在1.5℃以内，那么海洋热浪的出现频率会变成每10年或1个世纪1次。然而，如果温度升高3℃，那么全球海洋热浪的出现频率会变成每年或每10年1次。研究人员表示，雄心勃勃的气候目标是减少规模空前的海洋热浪暴发的必要条件。

五、海洋生物研究

全球首次珊瑚礁鲨鱼调查显示，鲨鱼数量普遍下降。2020年7月20日，"全球鲨足迹"计划（Global FinPrint）发表在《自然》（Nature）期刊上的研究表明，全球大部分珊瑚礁中的鲨鱼实际上已经消失[④]。研究所涉及的4个珊瑚礁生态系统关键区域为：印度洋—太平洋、太平洋、西大西洋和西印度洋。通过分析研究2016～2019年来自全球58个国家的371个珊瑚礁上超过1.5万h的视频，发现近20%的珊瑚礁上没有观察到鲨鱼，这表明在此次全球调查之前，鲨鱼的数量已经普遍下降，但并没有记录。然而，澳大利亚珊瑚礁上的鲨鱼种群仍然完整，其中最常见的鲨鱼种类包括灰礁鲨、白鳍礁鲨和黑鳍礁鲨。

全球范围内常见海洋物种生物量急剧减少。2020年7月9日，一项由不列颠哥伦比亚大学、基尔亥姆霍兹海洋研究中心和西澳大利亚大学的研究人员合作完成的研究指出，在全球范围内，一些常见的鱼类和无脊椎动物的数量正在急剧下降，包括罗非鱼、普通章鱼和粉红凤凰螺[⑤]。在这项全球首个针对沿海地区被捕捞鱼类和无脊椎动物数量长期变化趋势的研究中，研究人员评估了1300多种鱼类和无脊椎动物种群的生物量，结果表明，全球范围内许多常见的鱼类和无脊椎动物数量出现

① Indian Ocean phenomenon spells climate trouble for Australia. https://www.nsf.gov/discoveries/disc_summ.jsp？cntn_id=300207&org=NS-F&from=news [2020-03-10].
② Scientists identify climate change as major contributor to record-breaking marine heatwave. https://scripps.ucsd.edu/news/scientists-identi-fy-climate-change-major-contributor-record-breaking-marine-heatwave [2020-05-26].
③ Marine heatwaves are human-made. https://www.sciencedaily.com/releases/2020/09/200925113351.htm [2020-09-25].
④ First ever global survey of reef sharks reveals widespread decline. https://www.aims.gov.au/news-and-media/first-ever-global-survey-reef-sharks-reveals-widespread-decline [2020-07-20].
⑤ Popular seafood species in sharp decline around the world. https://www.sciencedaily.com/releases/2020/07/200721084203.htm [2020-07-09].

了下降，部分物种数量下降甚至很严重。在研究过程中，有82%的鱼类和无脊椎动物由于被捕捞的速度超过其繁殖速度，其数量低于可持续捕鱼效益最大化所需的水平，其中87种鱼类属于"非常严重"的类别，其生物量不到可持续捕鱼效益最大化所需水平的20%。就过去60年主要鱼类和无脊椎动物的数量而言，目前大部分生物量都远低于最佳捕捞量所需的水平。

国际组织联合报告指出洄游淡水鱼数量减少。2020年7月28日，世界鱼类迁徙基金会、伦敦动物学会、国际自然保护联盟、世界自然基金会联合发布的《洄游淡水鱼的地球生命力指数》报告指出[1]，1970～2016年全球洄游淡水鱼的数量平均减少了76%。全球洄游淡水鱼种群下降的最大驱动力是生境退化、改变和丧失，这些驱动因素与人类的影响密不可分。此外，物种入侵、疾病、污染和过度捕捞也是洄游淡水鱼面临的主要威胁，其中欧洲水域（–93%）、拉丁美洲水域和加勒比海（–84%）洄游淡水鱼的下降幅度较为显著。

国际研究发现至少11种鱼类可能具备在陆地行走的能力。2020年9月17日，《形态学》（*Morphology*）杂志刊登了由佛罗里达自然史博物馆、新泽西理工学院、路易斯安那州立大学和泰国梅州大学的研究人员共同完成的研究，发现至少11种鱼类可能具有在陆地行走的能力[2]。2020年9月25日，*eLife*期刊刊登了一项由加拿大不列颠哥伦比亚大学、丹麦奥胡斯大学、美国斯克里普斯海洋研究所和意大利佛罗伦萨大学研究人员共同参与的新研究，表明鱼眼中存在一种新机制，可将视网膜的O_2供应量提高10倍以上，进而增强眼睛对视觉信息的处理能力[3]。因此，具有"酸性血管结构"的鱼视力更好。

美国研究发现海鸟面临海洋变暖和古森林流失的双重压力。2020年9月22日，刊登在《保护快报》（*Conservation Letters*）上一项由美国俄勒冈州立大学研究人员牵头的研究指出，海洋环境的变化导致斑海雀的食物选择受到限制，同时斑海雀筑巢所需的古森林长期丧失，因此斑海雀的保护行动必须考虑海洋和古森林因素[4]。该研究提供了首个证据，表明海洋环境与古森林筑巢繁殖栖息地的共同作用对斑海雀的长期栖息活动产生了影响，其中海洋环境的变化起到了主导作用。

国际研究发现海底深处的微生物多样性与地球表面一样丰富。2020年10月19日，《美国国家科学院院刊》刊登了一项由日本海洋研究开发机构（JAMSTEC）等的研究人员完成的新研究，研究人员首次绘制了作为地球上最大的生物群落之一的海洋沉积物的生物多样性分布图并发现海底深处的微生物多样性与地球表面一样丰富[5]。研究发现，大陆边缘富含有机物的沉积物与海洋中营养物匮乏的沉积物之间微生物群落成分存在显著差异。另外，O_2的存在和有机物的浓度是决定群落成分的主要因素。

六、极地海洋研究

南极变暖速度是全球变暖速度的3倍多。2020年6月29日刊登在《自然·气候变化》期刊（*Nature Climate Change*）上的一篇论文称，自1989年以来，南极变暖的速度是全球变暖速度的3倍多。研究认为，这一变暖背后的主要原因是自然热带气候变化，并且很可能由于温室气体的增加而进一步加

---

① The living planet index for migratory freshwater fish. https://www.wwf.eu/？uNewsID=364693 [2020-07-28].

② Study suggests at least 11 fish species are able to walk on land. https://www.nsf.gov/discoveries/disc_summ.jsp？cntn_id=301250&org=NSF&from=News [2020-09-17].

③ Acidic fish eyes see better. https://scripps.ucsd.edu/news/acidic-fish-eyes-see-better [2020-09-25].

④ Warming ocean, old-forest loss put a squeeze on an elusive seabird. https://www.sciencedaily.com/releases/2020/09/200922092154.htm [2020-09-22].

⑤ Microbial diversity below seafloor is as rich as on Earth's surface. https://www.sciencedaily.com/releases/2020/10/201020131353.htm [2020-10-19].

剧①。尽管南极是地球上最偏远的地方之一，但南极与全球气候系统的其他环节紧密相连，而近年来的变暖则是热带西太平洋变暖的结果。在南极内部，威德尔海域深处的变暖速度是其他位置的5倍。2020年10月15日，刊登在《气候杂志》（Journal of Climate）上一项由阿尔弗雷德·魏格纳极地与海洋研究所（AWI）研究人员完成的研究指出，在过去的30年中，南极威德尔海域2000m深处的升温速度是其他位置的5倍②。通过分析威德尔海域的海洋时间序列，发现极地深处的变暖主要是南大洋上方及内部的风和洋流变化所致。威德尔海的变暖可能会永久性地削弱该地巨大水团的翻转，进而对全球海洋环流产生深远影响。

　　南极海冰流失是多种因素共同作用的结果。2020年6月，刊登在《地球物理研究快报》（Geo-physical Research Letters）上由英国南极调查局（BAS）、印度国家极地和海洋研究中心、南京大学和惠灵顿维多利亚大学联合完成的研究显示，2015～2019年南极威德尔海地区的夏季海冰减少了100万km²，这将对海洋生态系统产生影响③。通过研究自20世纪70年代后期以来海冰面积和天气分析的卫星记录，研究小组探究了南极威德尔海域的夏季海冰在过去5年中减少了三分之一的原因。研究发现，海冰流失的原因在于2016～2017年南极夏季出现了一系列强烈风暴，以及2016年冬季风暴带来的强风和异常温暖的海洋环境造成的大片开阔水域（polynya）的重新出现，这一现象自20世纪70年代中期以来从未出现过。此外，南极冰川底部的深海通道也加快了海冰融化。2020年9月9日，BAS的研究人员在《冰冻圈》（Cryosphere）期刊上发表了题为《利用重力海洋测深学揭示思韦茨（Thwaites）、克罗森（Crosson）和多特森（Dotson）冰川的两个冰架分布》的研究④，该研究指出，在南极西部思韦茨冰川底部发现的深海通道可能会为温暖的海水融化冰川底部的海冰提供路径。南极海冰与冰川还受大气河流的变化的影响。2020年10月19日，《地球物理研究快报》（Geophysical Research Letters）刊登了一项由加利福尼亚大学洛杉矶分校研究人员完成的研究，该研究指出，过去40年负责将水分从热带地区输送到南半球温带地区的天气系统已逐渐向南极转移，这一趋势可能导致南极海冰融化的速度加快⑤。大气河流指将热带的大量水汽输送至地球大陆和极地的狭长大气急流。这项新研究发现，受臭氧消耗、温室气体排放和海平面温度自然变化的影响，南半球的大气河流正在发生变化，这一变化可能会影响输送至南极的水分和热量。

　　国际研究发现极端气候事件对南极底层水变化起到了推动作用。2020年11月16日，刊登在《自然地球科学》（Nature Geoscience）期刊上一项由南安普敦大学和南半球海洋研究中心的研究人员牵头的国际团队完成的研究指出，在经历了长达50年的下降之后，下沉至南极附近的高密度水的数量出现了异常增加⑥。在南极附近形成的高密度水，即南极底层水，为深海提供O_2的同时对全球经向翻转环流的下支起到了支撑作用。作为全球洋流的组成部分，南极底层水通过在年代际及千年时间尺度上吸收热量和CO_2对气候起到了调节作用。因此，南极底层水的形成变化影响着全球气候和深海生态系统。在过去的50年中，南极底层水的盐度、密度和体积均有所下降，其中罗斯海的变化最为显著，这些变化则源自南极冰盖融水的增加。预计将来南极冰盖的加速融化将减少底层水的形成。然而，如果人类活动产生的温室气体排放继续以目前的速度持续增长，导致底层水数量出现反

　　① Record warming at the South Pole. https://www.bas.ac.uk/media-post/record-warming-at-the-south-pole/ [2020-06-29].

　　② Depths of the Weddell Sea are warming five times faster than elsewhere. https://www.awi.de/en/about-us/service/press/press-release/depths-of-the-weddell-sea-are-warming-five-times-faster-than-elsewhere.html [2020-10-15].

　　③ Antarctic sea ice loss explained in new study. https://www.bas.ac.uk/media-post/antarctic-sea-ice-loss-explained-in-new-study/ [2020-06].

　　④ New gravity-derived bathymetry for the Thwaites, Crosson, and Dotson ice shelves revealing two ice shelf populations. https://tc.copernicus.org/articles/14/2869/2020/ [2020-09-09].

　　⑤ Shift in atmospheric rivers could affect Antarctic sea ice, glaciers. https://www.sciencedaily.com/releases/2020/11/201123120730.htm [2020-10-19].

　　⑥ Climate extremes drive changes in Antarctic bottom water. https://www.bas.ac.uk/media-post/changes-in-antarctic-bottom-water/ [2020-11-16].

弹的极端气候事件也将越来越普遍。

国际研究证实2035年北极海冰可能完全消失。2020年8月10日，发表在《自然·气候变化》（*Nature Climate Change*）期刊上的一项新研究进一步证实了之前的预测，即到2035年北极海冰可能完全消失[①]。借助英国气象局哈德利中心的气候模型（HadGEM3），一个国际研究小组对末次间冰期与目前的北极海冰状况进行了比较并得出以下结论：受春季炽烈阳光的影响，北极海冰表面形成了许多"融化池"（melt ponds）。这些"融化池"在海冰融化中起着至关重要的作用，对于认识海冰对光照的吸收量及反射至地球的光照量同样关键。研究人员利用相同的模型对未来的场景进行了模拟，结果表明，到2035年北极海冰可能完全消失。此外，北极地区水下热团成为加速海冰融化的主导因素。2020年8月25日，*Science*发文称，多个机构的科学家指出气候变暖远不是加速海冰流失的唯一因素，不断增强的水流和海浪正在导致冰层粉碎，且冰下热流已经成为区域性海冰融化的关键因素[②]。

日本研究发现北极变暖由河水热通量增加引发。2020年11月6日，《科学进展》（*Science Advances*）刊登了由JAMSTEC下设的北极气候与环境研究所（IACE）研究人员牵头的国际小组完成的针对北冰洋河水热通量影响的首个定量分析[③]。伴随这一活动的还有全球气候变化的最新趋势，特别是北极海冰的减少及海洋与大气变暖。研究发现，进入北冰洋的河水热通量在沿岸海冰开始消退的初夏时节（7月）达到最高值。在西伯利亚东部的勒拿河，8月的水温从20世纪60年代的12～13℃上升到将近20℃。通过分析1980～2015年的数据，该研究提供了首个量化证据，表明河流热通量对北冰洋海冰变薄的贡献率最高可达10%以上。研究表明，海冰底部变薄不仅受北冰洋河流水注入的影响，还受冰反射率降低造成的回馈影响。量化评估结果还表明，随着海冰收缩，温暖的海洋表面释放到大气中的大气感热能和大气潜热能进一步增加，导致过去36年夏季气温升高0.1℃。这些结果表明，该研究提出的反馈活动与气候变暖、河流热通量这两个因素共同作用，从而导致北极海冰面积减少，并且进一步增加了海洋-大气热通量，造成大气温度升高，从而在一定程度上放大了北极的变暖效应。

德国研究揭示北极夏季海冰与多年冻土间的关键关系。2020年8月21日，《地球科学前沿》（*Frontiers in Earth Science*）期刊刊登了一项由阿尔弗雷德·魏格纳极地与海洋研究所（AWI）研究人员完成的新研究[④]。该研究指出，在北极变暖速度加快的作用下，加拿大、俄罗斯和美国阿拉斯加北极海岸冻结了数千年的多年冻土层受海浪和河流的影响，尤其受持续变长的暖季影响正在消失。AWI的研究人员在勒拿河上采集的数据显示，侵蚀的程度非常严重：每年大约有15m的河岸坍塌。此外，多年冻土层中储存的碳可能会加剧温室效应。

美国研究指出北极生态系统的变化。美国科学家发现流向北极的地下水中含有大量碳源。2020年3月26日，得克萨斯大学奥斯汀分校和其他机构研究人员在《自然·通讯》（*Nature Communications*）期刊上发表的题为《在北极海岸发现隐藏的碳源》的研究指出，流向北极的地下水中隐藏有大量的碳源，这是一种此前不为人知的重要碳来源[⑤]。研究表明，冻土下方的地下水中溶解有大量

① Past evidence supports complete loss of Arctic sea-ice by 2035. https://www.bas.ac.uk/media-post/past-evidence-supports-complete-loss-of-arctic-sea-ice-by-2035/ [2020-08-10].

② Growing underwater heat blob speeds demise of Arctic sea ice. https://www.sciencemag.org/news/2020/08/growing-underwater-heat-blob-speeds-demise-arctic-sea-ice [2020-08-25].

③ Quantitative analysis of the impact of riverine heat on declining Arctic sea ice and atmospheric warming: Increasing riverine heat triggers the Arctic warming. http://www.jamstec.go.jp/e/about/press_release/20201107/ [2020-11-06].

④ Siberia's permafrost erosion has been worsening for years. https://www.awi.de/en/about-us/service/press/press-release/siberias-permafrost-erosion-has-been-worsening-for-years.html [2020-08-21].

⑤ Hidden source of carbon found on the Arctic coast. https://www.nsf.gov/discoveries/disc_summ.jsp? cntn_id=300262&org=NSF&from=news [2020-03-26].

的有机物，它们随地下水的流动最后进入了北极沿海水域。这些水携带了大量的碳和其他营养物质从陆地流向北极，其流量甚至与夏季附近河流的径流量相当。随着多年冻土层的融化，地下水预计将成为北冰洋淡水和营养物质日益增长的一个来源。据估算，陆海交界处附近多年冻土地下水中溶解的有机碳和氮的浓度比河流高出两个数量级。随着北极变暖，多年冻土层中大量有机物不断释放，预计这些通量还将继续增加。2020年7月9日，斯坦福大学发文称，在20多年的时间里，北极浮游植物的增长速度提高了57%。浮游植物的爆炸性增长及食物网底部微小藻类的生长极大地改变了北极将大气中的碳转化为生命物质的能力。在过去的10年中，这种增长已经取代海冰流失，成为导致浮游植物吸收CO_2能力发生变化的最主要原因[1]。浮游植物生物量日益增长的影响可能代表着北极地区正在发生"重大稳态转化"。

阿联酋研究指出北极变暖或助推巨型沙尘暴"哥斯拉"。2020年12月1日，刊登在《地球物理研究快报》（*Geophysical Research Letters*）上一项由阿联酋哈利法科学技术大学研究人员完成的新研究指出，2020年夏天的巨型沙尘暴"哥斯拉"很可能与北极变暖有关。这场有史以来非洲最大的沙尘暴或由地球更北部的喷射流触发[2]。研究人员将沙尘暴的强度归因于撒哈拉沙漠沿岸副热带高压系统的形成。非洲沿岸副热带高压的形成在沙尘释放和大气沙尘穿过热带大西洋向西快速移动的过程中起着决定性作用。副热带高压增加了西非的南北向压力梯度，从而造成强度异常的东北风持续推进。副热带高压存在于环绕地球的波列中，而该波列可能是由2020年6月北极海冰面积降至最低值引起的。

七、海洋新技术研发与应用

全新激光系统可对深海动物进行3D重建。2020年6月3日，刊登在《自然》（*Nature*）期刊上的一项研究表明，蒙特利海湾研究所（MBARI）开发的激光系统能够对深海动物及其黏液过滤结构进行3D重建[3]。研究人员以深海动物幼形海鞘（larvaceans）为观测对象，借助该激光系统能够记录海洋动物周围的电流数量及经由其过滤结构和身体的海水。

美国科学家发明智能吸油海绵有效解决海上溢油事件。2020年6月5日，《工业工程与化学研究》（*Industrial & Engineering Chemistry Research*）刊登了由美国西北大学发表的题为《智能海绵可以清理漏油》的研究。研究团队开发了一种多孔的智能海绵，其可以选择性地吸收水中的石油[4]。该解决方案通过有选择地吸收石油，将有效保护清洁的水和使未受影响的海洋生物免受威胁。由于能够吸收超过自身重量30倍的石油，这种海绵可以在不伤害海洋生物的情况下，经济有效地清理石油泄漏。同时，海绵可以重复使用。这种智能吸油海绵的独特之处在于一种由磁性纳米结构和碳基材料组成的纳米复合涂层，这种碳基材料具有亲油、疏水和磁性的特点。

微塑料探测器可监测塑料微粒。要解决海洋中日益严重的塑料污染问题，了解塑料的位置、移动方向及其成分非常关键，尤其是直径小于5mm、在海洋中很难定位的大量微塑料。南安普敦大学、阿伯丁大学、JAMSTEC和东京大学的研究人员联合开发的一种塑料颗粒探测器可以实现微塑料采样过程的自动化，并有助于监测深海中除塑料以外的其他天然或人造微粒[5]。该探测器由一个

① Regime shift'happening in the Arctic Ocean. https://earth.stanford.edu/news/regime-shift-happening-arctic-ocean#gs.awoxrx [2020-07-09].
② The atmospheric drivers of the major Saharan dust storm in June 2020. https://agupubs.onlinelibrary.wiley.com/doi/abs/10.1029/2020GL090102 [2020-12-01].
③ New laser system provides 3D reconstructions of living deep-sea animals and their mucous filters. https://www.mbari.org/deep-piv-3d-flow/ [2020-06-03].
④ Smart sponge could clean up oil spills. https://www.nsf.gov/discoveries/disc_summ.jsp? cntn_id=300709&org=NSF&from=news [2020-06-05].
⑤ The technology solving the ocean's greatest mysteries. https://www.sciencefocus.com/planet-earth/the-technology-solving-the-oceans-greatest-mysteries/ [2020-08-26].

20cm长的探测室组成，海水沿着探测室流动。探测室包含一个激光器，当塑料颗粒出现时，便会发出激光，从而产生高分辨率的全息图像，这有助于识别塑料颗粒和浮游生物颗粒。激光器还利用拉曼光谱方法分析塑料微粒的化学组成。在测试中，该设备成功区分了3mm的聚苯乙烯和丙烯酸颗粒。研究小组的最终目标是生产一种可以持续监测海洋的全自动设备。

日本成功开发海底观测系统。2020年9月30日，JAMSTEC发布消息称，由JAMSTEC海洋地球动力学研究所研究人员牵头，日本东北大学研究人员参与的研究小组开发了一种利用"波浪滑翔器"（wave glider），并结合海底地壳运动观测结果开展全球卫星导航系统声波定位（以下简称"GNSS-A观测"）的系统。通过在多个观测点部署"波浪滑翔器"这种海洋表面自主深潜器，研究小组在1个多月的时间内自动获取了相关观测点的数据[①]。该研究主要实现了以下3点：①通过使用具有自动航行功能的自主水面深潜器，研究人员在40天左右的时间内沿日本海沟（Japan Trench）深入至14个海底地壳运动观测点，并成功获取了数据。②通过使用自主水面深潜器，可以显著降低GNSS-A观测及利用深潜器观测海底地壳运动的成本。早前的GNSS-A观测需要借助研究船或系泊浮标，因此高昂的运营成本限制了观测系统的进一步改进。然而，随着"波浪滑翔器"的引进，现在可以将单次观测的成本降低到传统技术所需成本的1/10甚至更低。③实现了观测频率的提升，并且有望观测到浅层板块边界一带，如靠近海沟轴的板块间结合与漂移随时间的变化情况。研究人员可以进一步阐明海洋-大陆板块边界所累积压力的释放过程，特别是在反复发生俯冲带大地震的地方。这些观测活动将极大地提高大地震概率预计的可靠性，从而有助于减轻其对海洋设施和沿海社区的影响。

第三节　未来发展态势

根据当前热点研究方向和海洋科技研究战略规划的未来布局，综合判断未来海洋科学研究将呈现以下态势。

（1）气候变化对海洋的影响研究受到广泛重视。海冰融化、海平面上升、海洋环境变化对海洋生物的影响研究是科学界普遍关注的焦点。此外，极端天气如野火、干旱、热浪、沙尘暴均与海洋物理化学环境的变化有关。全球主要海洋强国均纷纷加强科技布局，以应对气候变化带来的海洋环境变化问题。

（2）海洋作为蓝色碳汇的重要性将进一步凸显。以珊瑚礁为代表的生态系统具有强大的碳汇能力，这是由其内部复杂的生物地球化学循环过程，以及造礁珊瑚特殊的混合营养特性决定的。要实现《巴黎协定》（Paris Agreement）提出的将温度上升控制在1.5℃的目标，到21世纪中叶，温室气体排放必须达到净零排放。要实现这一目标，不仅需要减少现有的排放量，还要清除一部分空气中已经存在的CO_2。据估计，到2100年，全球范围内每年需要清除10亿～200亿t的CO_2。随着气候行动需求日益紧迫，海洋作为气候解决方案的潜力备受关注。

（3）在气候变化的背景下，极地研究将持续推进。未来气候的变化在很大程度上取决于极地的稳定性。关于极地增暖的空间分布与影响、海冰损失及其驱动因素、海洋深层环流及其对物质和能量循环的影响等方面的研究受到关注。无人水下自主潜水器、卫星遥感等监测技术在极地海洋研究中的应用正在帮助克服数据覆盖不足的问题。

---

① Success in multi-point long-term observations of sea floor crustal movements using an unmanned surface vehicle -Major progress in developing a high-temporal-resolution understanding of the current state of Seismogenic zone. http://www.jamstec.go.jp/e/about/press_release/20200930/ [2020-09-30].

（4）新兴技术将提升海洋仪器装备的智能化水平。随着云计算、大数据、人工智能数据处理和存储能力的提高，新兴技术越来越多地用于海洋技术装备中。以美国为代表的海洋强国逐步加强新兴技术在海洋中的应用研究。未来全球海洋技术装备的发展将进一步朝着自动化、智能化的方向发展。

第八章　青岛海洋科学与技术试点国家实验室专题分析

青岛海洋科学与技术试点国家实验室（以下简称"海洋试点国家实验室"）自运行以来，面向世界科技前沿、面向经济主战场、面向国家重大需求、面向人民生命健康，以海洋领域重大科技任务攻关和国家大型科技基础设施建设为主线，开展战略性、前瞻性、基础性、系统性、集成性科技创新，依托青岛、服务全国、面向世界，努力打造代表国家海洋科技水平的战略科技力量，大型综合型研究基地初见雏形、中国特色国家实验室体制机制探索不断深入、服务海洋强国建设的战略任务进一步明确、海洋优质创新资源整合汇聚的平台效应日益显现、海洋大科学设施集群日臻完善、海洋科技实力走近国际舞台中央，在推进中国特色国家实验室治理体系和治理能力现代化、建设科技强国、支撑海洋强国建设的伟大征程中，迈出了一个个坚实的脚印。

本章主要从重大战略任务实施进展、重大科研平台建设、创新团队建设、合作与交流、服务社会五个方面对海洋试点国家实验室进行介绍。

第一节　重大战略任务实施进展

一、"透明海洋"大科学计划

"透明海洋"大科学计划旨在集成和发展现代海洋观测与探测技术，面向全球大洋和特定海区，以立体化、网络化、智能化、实时化为核心，构建"海洋物联网"技术体系，实时或准实时获取全海深、高时空分辨率的海洋综合环境与目标信息，并在此基础上，预测未来特定时间内海洋环境变化，实现海洋的状态透明、过程透明、变化透明、目标透明。

1. 深海实时观测系统进一步拓展

黑潮延伸体实时观测系统完成一期建设。攻克了海况复杂条件下大型浮标系统持续、稳定工作的难题，自主研发的面向中纬度恶劣海况的CKEO系列大型浮标观测系统实现了我国在该海域观测领域零的突破，填补了我国在西北太平洋中纬度海区大型浮标观测的空白；突破了大深度感应耦合传输等水下数据实时传输技术瓶颈，在国际上首次实现该海区深海数据的稳定实时传输。至此，黑潮延伸体实时观测系统（Kuroshio extension mooring system，KEMS）完成一期建设，是目前国际上首个西边界流定点实时观测系统，标志着我国在"两洋一海"（西太平洋-南海-印度洋）关键海区的深海实时观测能力实现了跨越式发展。

2. 深海与极地多尺度海洋动力过程及海气相互作用研究取得新进展

中尺度涡对西边界流的调制机制。提出了中尺度涡垂向热输送与多尺度海气热交换间的耦合动力机制，揭示了该机制引起的涡旋垂向热输送对西边界流海洋锋面的重要维持作用，改变了"中尺度涡通过水平热输送过程破坏海洋锋面"这一传统观点，丰富了海洋环流理论。探究了全球变暖背景下中尺度涡对西边界流的调制作用，揭示了台风-涡旋-西边界流多尺度相互作用机制，对理解、预测未来台风强度变化具有重要的指导意义。

全球尺度环流的多年代际变化及气候效应。研究发现，自20世纪90年代以来全球平均海洋环流存在显著的加速趋势，造成这个趋势的原因除了全球变暖效应，可能还与太平洋十年际振荡（PDO）和大西洋多年代际变化（AMV）等气候模态变化引起的风场改变密切相关，来自中高纬度陆地的冷大陆暖海盆模态（COWL）也发挥了重要作用。

ENSO变化预估的蝴蝶效应及其全球响应。将导致天气预报不确定性的"蝴蝶效应"应用到厄尔尼诺-南方涛动（ENSO）长期预估，可以发现，气候系统微小扰动和ENSO非线性作用能调节海气热量分配、层结变化及耦合效率，记忆过去ENSO特征并调整其对全球变暖的响应，为ENSO的长期演化提供了全新视角和解释。系统归纳了ENSO对南半球气候的显著影响及长期变化，继北美洲、亚洲季风区后进一步完成了ENSO热带外气候效应的巨大拼图。

印度洋副热带潜层水盐度的年代际变化。基于最新的Argo观测资料，揭示了印度洋东南部海域混合层盐度与副热带潜层水盐度在近15年间（2005～2019年）显著的年代际变化特征，弥补了这一领域的研究空缺；并结合模式资料，通过盐度收支的方法，揭示了印度洋东南部海域盐度年代际变率的物理机制，首次阐明了其与ENSO信号之间的密切关联。该研究针对盐度及其在大洋环流和气候变化过程中的重要作用这一研究热点，利用现有的观测资料，并结合基础理论分析，解决了印度洋上层盐度结构方向的关键科学问题，为促进印度洋—太平洋洋际交换这一重大科学问题的发展提供了重要支持。

南极高密陆架水形成机制。研究发现东南极陆架海域存在显著的绕极深层水入侵，冬季降温时上涌到次表层的热量被强对流过程输送到海表，使得沿岸戴维斯冰间湖内的产冰量减少了45%。揭示了绕极深层水热量入侵对冰间湖产冰量的影响，阐明了大尺度环流变化造成的冰架融水输入对高密陆架水盐度的调控过程，为研究全球气候变化对南极底层水的影响提供了新的视角。

3. 地球系统模式发展与大数据

高分辨率地球系统模式发展取得重要进展。完成了高分辨率（10km海洋+25km大气）通用地球系统模式（CESM）在"神威·太湖之光"机器上的算法改造和优化，并实现近千年的稳定积分和结果科学验证。这标志着新型的国产众核超级计算机已完全具备与传统"多核同构"相同的大规模科学计算能力。与低分辨率模式相比，高分辨率地球系统模式模拟出的年均热带气旋数量与观测数据的匹配度得到了大幅度提升。高分辨率模式在"神威·太湖之光"机器上模拟的热带气旋与厄尔尼诺-南方涛动等低频气候现象的相关关系，以及在全球变暖背景下热带气旋的地域变化性等，比低分辨率模式模拟更符合理论预期，与实际观测情况更为一致。

构建了基于自主发展的地球系统模式FIO-ESM v2.0的数据集。以耦合自主发展的海浪模式为特色的地球系统模式FIO-ESM v2.0参加CMIP6，并发布相应的数据集，包含FIO-ESM v2.0参加CMIP6 DECK实验、Nucleus实验和6个MIP实验（OMIP、SIMIP、GMMIP、ScenarioMIP、DCPP和C4MIP）的模拟与预测结果。FIO-ESM v2.0包含了浪致混合及与海浪相关的海气通量物理过程，基于FIO-ESM v2.0的数据集除了包含CMIP6中的诸多要素，还包含了一套千年海浪数据。这是国际上首套来自完整气候模式的长时间海浪数据，其空间可覆盖全球海洋，时间可覆盖过去百年、现在和未来百年，为气候变化研究、海岸工程、防灾减灾等提供了数据基础。与参加CMIP6的其他耦合模式相比，FIO-ESM v2.0对表层气温和海表温度等核心要素的模拟处于国际领先水平。

二、"海底发现"计划

"海底发现"计划旨在揭示海底关键地质过程和演化规律，支撑海底战略性矿产资源和能源开发利用，助力国家资源能源安全，围绕海洋地质过程与资源环境效应、海洋矿产资源探测与评价技术、大洋钻探与深地探测等方向，开展海洋沉积与物质输运、深海海盆演化与洋底构造、大洋钻探与全球变化、海底油气与水合物成藏及勘探、洋底金属与稀土成矿机制及评价等方面的协同创新和技术攻关研究。

1. 海底多圈层过程及其资源效应

亚洲大陆边缘动力学与全球变化研究取得突破。研究了现代洋内俯冲系统典型区段伊豆-小笠原-马里亚纳（IBM）系统和汤加-劳海盆系统，发现印度洋型地幔全面介入了西太平洋正在活动的岛弧和弧后盆地的深部过程中，揭示了正在活动的岛弧及弧后熔岩成因、地幔源区性质及地幔过程，演示了西菲律宾海盆地幔源区性质、部分熔融过程与岩浆演化过程，建立了52Ma以来西菲律宾海盆的构造演化模式；阐述了北极/亚北极西伯利亚陆架地球化学过程及其环境效应，重建了北冰洋中央海盆及冰盖扩张和北太平洋中层水演化历史；解释了日本海在末次盛冰期时出现高温纪录的现象和机制，阐明了末次盛冰期以来的环境演化历史，解决了学术界这一长期存在的科学难题。

深海热液系统发现超临界二氧化碳流体。首次在深海热液区倒置湖中发现超高温气态水存在，倒置湖内水体呈现"三明治"式分层结构，从顶部至底部依次为高温蒸汽相、热液流体与海水混合相及正常海水相；首次在热液系统观测到自然状态下超临界二氧化碳流体的喷发，证明深海热液区喷发的超临界二氧化碳流体中很可能含有大量有机物质，推测这些有机物很有可能与氨基酸合成相关，提出了一个新的早期地球生命起源模型，为探讨生命起源及初始有机质的形成提供了新的启示。

建立了中国海域地质构造大数据。编制了海洋地质系列图件，建立了海洋地质空间数据库，完成"志书"性报告，形成了基于 1∶100 万海洋区域地质调查实测数据的"一图一库一报告"系统性成果。创新提出并完善"东亚洋-陆汇聚边缘多圈层作用"模式，建立中国边缘海构造格架，厘定中国海域中生代-新生代地层系统，刻画中国海域地貌形态，揭示晚第四纪沉积演化过程，总结中国海域成矿成藏规律。首次实现了中国管辖海域 1∶100 万比例尺全面覆盖，有效提高了中国海洋地质调查研究水平，推动了西太平洋边缘海重大基础科学问题的研究。

2. 深海资源勘探与开发

支撑南海第二次水合物试采。突破基于唯象分析获取天然气水合物储层微观特征的制约，建立基于有效孔隙分形理论的南海水合物系统微观结构量化表征方法，提出水合物勘查资源量估算与试采产气产水模拟的地层模型参数确定方案。挖掘海域水合物首次试采产气特征数据，结合水平井开发需求提出系统的出砂调控方案。研制水合物试采井控砂介质堵塞工况模拟装备，研发基于井底实时监测数据远程诊断井底控砂介质发生堵塞的方法。创建适用于浅软地层长井段水平井砾石充填的工艺参数设计方法，提出实现水合物开采水平井安全充填的控砂完井方案。针对南海目标水合物储层，创新储层基础物性定量表征方法和井筒出砂调控设计思路，为南海第二次水合物试采提供技术支持。

印度洋西北部油气资源取得新发现。采用"长排列、大容量、宽频带"采集技术，开展印度洋重点海域油气地质调查，获得迄今为止品质最好的长达 8730km 的二维地震数据。清晰揭示了盆地深部地质构造和地层发育特征，刻画四大构造单位的地质结构，首次发现调查区海域中生界厚度大、分布广，白垩系为区内重要的烃源岩层。评价认为区内资源量大，具备形成大型油气田的资源潜力；提出"深部生烃、断裂输导、浅部成藏"的油气成藏新模式，打破了传统的勘探认识，圈定了 2 个油气有利区带。开创了我国境外海域系统开展海洋油气地质调查的先河，成为"一带一路"海洋领域合作的成功范例，提升了实验室在海上丝绸之路沿线国家的影响力。

深海稀土成矿的"底流驱动-吸附富集"假说进一步完善。在西太平洋海域发现了多处富稀土沉积区，初步掌握了西太平洋富稀土沉积的基本特征，证明了西太平洋海域可能是全球富稀土沉积发育最好的海区之一，生物磷灰石是该区富稀土沉积物中稀土元素主要赋存矿物。初步阐明了西太平洋富稀土沉积的主要控制因素：低沉积速率是稀土元素富集的关键控矿条件；底流活动是富稀土沉积发育的必要条件，一方面底流活动提供了大量的 O_2，另一方面强底流活动冲刷引起的沉积物分选会造成沉积物中磷灰石相对含量增加。

三、"蓝色生命"计划

"蓝色生命"计划旨在围绕国家海洋经济高质量发展重大战略需求，在"蓝色解码"、"蓝色药库"和"蓝色蛋白"等方面集中优势力量组织科技攻关，发展海洋生物遗传资源、群体资源、产物资源的高效利用科学理论和前沿技术，支撑海洋战略性新兴产业发展。

1. 海洋生物起源与演化研究

发展了海洋幼虫进化起源新理论。创新应用转录组年龄指数（TAI）分析方法，推演了幼虫的进化起源历史。发现幼虫阶段（相比成体阶段）在整个生活史中呈现更为"年轻"的表达谱特征，且在后生动物类群中普遍存在，以此提出了海洋幼虫为单次插入起源的新理论学说，否定了目前国际上已有的主流假说模型，为深入理解后生动物的幼虫/成体双阶段生活史进化提供了崭新的研究视角。

提出软体动物发育演化新假说。首次发现了软体动物*Hox*基因表达的一个共有规律，即背腹侧表达模式互相分离。背部表达与每个类群独特的贝壳样式相关，腹部表达则在特定发育阶段呈现保守的共线性模式。基于这些结果提出一个新假说，即受*Hox*基因驱动，软体动物不同分支的背部和腹部经历了独特的特化过程，构成了现生软体动物多样化的身体模式。该研究提出了一种关于动物身体模式多样化的新机制，与基因表达及化石证据具有很强的一致性。相关成果在*PNAS*发表后受到国际同行的高度关注。

2. 海洋微生物前沿理论研究

发现海洋微生物食物环中细菌间新型互作机制及功能。海洋微生物食物环是海洋有机质循环的重要驱动力。发现了海洋细菌-细菌之间一种新型相互作用，系统揭示了该类相互作用驱动D型氨基酸再循环利用的分子机制。研究发现，大洋表层海水大多处于寡营养水平，低丰度的富营养菌与高丰度的寡营养菌长期共存；揭示了寡营养海域富营养菌与寡营养菌长期共存驱动高分子量有机氮循环的过程与分子机制。

发展了深海真菌天然产物空间立体构型鉴定新方法。从深海真菌中发现的硫代螺环二酮哌嗪类化合物，其*H/C*比较低，构型鉴定困难，针对该类化合物，利用残余化学位移各向异性（RCSAs）方法，配合残余偶极耦合（RDCs），采用AAKLVFF作为排列介质，成功鉴定了其绝对构型。引入各向异性核磁共振波谱，提高了立体化学解析与构象分析的准确性和效率，该方法可提供更多关于季碳原子的结构信息，以用于复杂海洋天然产物的构型鉴定。

发现深海微生物DMSP新功能。二甲基巯基丙酸盐（DMSP）是"冷室气体"二甲基硫（DMS）的主要前体物质，后者在调控气候变暖和全球硫循环中发挥着重要作用。发现并证实深海微生物DMSP在压力保护方面的新功能，指出异养细菌是深海海水和沉积物中DMSP的重要生产者，揭示了细菌参与深海硫循环的新过程机制。研究结果为重新估算全球DMSP的产量、通量及其气候效应提供了依据，对深入理解深海细菌在硫循环中的作用有重要科学意义。

3. 海水养殖动物基因组研究与新品种创制

完成东星斑、绿鳍马面鲀、海湾扇贝和秘鲁紫扇贝基因组精细图谱的绘制，为海水养殖动物重要经济性状的分子机制解析奠定了基础；揭示了虾夷扇贝精氨酸激酶家族通过调控能量平衡应对酸化胁迫的机制；解析了扇贝积累麻痹性贝毒的分子机制，发现双壳贝类基因组发生转运蛋白家族扩张；获得了长牡蛎黑色素合成通路关键基因，阐明了黑色素形成的分子机制；在斑马鱼模型中验证了TD致病候选基因*NKX6.2*在甲状腺发育中的作用。培育出中国对虾"黄海4号"、长牡蛎"海蛎1号"2个海水养殖新品种。

4. 海洋药物及生物制品研发

一类抗肿瘤新药BG136即将开展临床试验。以南极褐藻为原料，研发一类抗肿瘤新药BG136。药效和作用机制研究表明，BG136作为一种病源相关分子模式（PAMP），能与巨噬细胞、树突细胞表面的TLR2/4/6及Dectin-1等膜受体特异性结合，分泌细胞因子并促进B细胞、T细胞和NK细胞增殖，激活机体天然免疫并提高获得性免疫，进而发挥抗肿瘤作用。BG136已经提交新药临床试验申请，有望成为继PSS、GV-971等之后的又一海洋新药。

发现海参新型营养功效成分的结构与用途。海参富含EPA-缩醛磷脂，是一种结构特殊的甘油磷脂，并且海参来源的甾醇C-3位结构上具有明显区别于植物甾醇羟基结构的硫酸酯化基团。研究证实，海参EPA-缩醛磷脂通过调控肠道菌群、改变胆汁酸的代谢发挥其改善动脉粥样硬化的新机制；揭示了海参甾醇通过调控脂肪酸的合成与氧化及改变胆固醇的代谢发挥其改善脂质代谢紊乱的新机制，发现海参甾醇在改善胰岛素抵抗和脂肪组织炎症方面的功效优于植物甾醇。

四、"健康海洋"计划

"健康海洋"计划旨在围绕国家生态文明建设重大战略需求，整合优势力量，攻克近海资源环境养护的科学理论和前沿技术，创新陆海统筹的海洋生态安全保障和生态灾害防治技术体系，支撑国家海洋生态文明建设和沿海地区可持续发展。

1. 生态灾害发生机制与治理技术

近海生态灾害发生机制与防控策略研究取得系列认识。深化了对南黄海浒苔绿潮源头及其发生发展机制的科学认识，首次完成对南黄海浒苔绿潮发生规模的科学预测并得到验证，首次提出浒苔绿潮源头控制、打捞前移等系统防控方案，并在政府相关部门的决策和防控实施中得到应用；在水母和赤潮灾害的发生过程、有效检测及综合防控方面取得新的突破；探讨了我国近海生态系统长期演变的新趋势，深入阐释了理化环境、生物学过程及海洋食物网变动对海洋生态灾害的影响；初步建立了近海海浪-潮流-环流-泥沙-生态耦合模式，发展了海洋生态灾害模式，推动了海洋生态模式的发展。该成果显著提升了我国在海洋生态系统健康方面的学术影响力，有力支撑了"美丽中国"建设。

研发出新型改性黏土功能材料并成功应用于养殖水质调控。研发出具有调水、控藻、抑制病原微生物等功效的新型改性黏土功能材料，并实现在凡纳滨对虾养殖池塘水质调控中的示范应用。结果表明，新型改性黏土不仅可以调控养殖水体中的浮游植物总量和群落组成，对弧菌等病原微生物的抑制率可达30%以上，还能改善底质和水质，有效抑制"倒藻"现象，促进养殖生物凡纳滨对虾的生长。

2. 海洋生物生态功能及近海生态动力学模型

揭示典型海洋藻类群体的演变历程、机制与生态效应。围绕海洋藻类物种起源与生态功能等国际前沿科学问题，研究发现水平基因转移事件（HGT）有效提升了CRASH类群物种的环境适应能力，促进了物种演化分歧，对当今海洋藻类生物多样性格局的形成具有重要贡献；解析了水体酸化对鞭毛微藻运动能力的负面影响及机制，阐述了运动能力改变对水生生物群体演变的潜在影响，明晰了绿潮藻类暴发机制与趋势，揭示了气候变化条件下海带碘代谢的应答与调控机制，为准确评估未来典型藻类群体及褐藻碘生物地球化学循环格局演变提供了理论依据与方法参考。

发展近海生态系统动力学模型与模拟技术。集成应用微分动力学、人工神经网络、统计动力学的理论和方法，创建了近海生态系统动力学模型体系，创新了判别海洋生态系统动力学模型稳定性的降维技术，显著改善了海洋生态动力学模型的稳定性、模拟精度、可靠性、适用性等。开发出海岸带关键过程影响下的近海生态系统动力学模拟仿真系统，为海洋生态文明建设和基于生态系统的海岸带管理提供重要技术手段。相关研究成果《典型海洋生态系统动力学模型构建、应用及发展》入选2020年"经典中国国际出版工程"。

3. 海洋生物地球化学研究

《海洋生物地球化学》出版。宋金明研究员牵头编著了我国第一部《海洋生物地球化学》研究生教材并由科学出版社出版。教材以生源要素的海洋生物地球化学过程为核心主线，以生物过程作用下物质的迁移转化及反馈为重点，通过物质的能流和物流两条脉络构筑生源要素海洋生物地球化学过程的有机联系，既突出了海洋生物地球化学的本质，又为拓展研究其他化学物质的海洋生物地球化学过程提供了思路。该教材可作为海洋化学、海洋生物学、海洋生态学、海洋地质学及海洋环境科学等相关专业研究生的专业核心课程教材，以及地质学、地理学、生态学、环境科学及其他地学领域各专业研究生的研讨课程教材，还可供从事相关专业教学、科研的工作人员阅读参考，这将有助于我国高水平海洋生物地球化学人才的培养。

阐明了海洋生源活性气体的迁移、转化过程与机制。研究了西北太平洋及中国近海生源活性气体二甲基硫（DMS）、挥发性卤代烃（VHC）和非甲烷烃（NMHC）的时空格局、产生和消耗的关键生物地球化学过程。阐明了东海及西北太平洋DMS、VHC的分布、主控因子和主要源汇途径；首次用室温吸附-热脱附新型方法实现了对海洋和大气中NMHC与DMS的现场测定；重点揭示了DMS在不同辐射波段的光氧化速率（$K_{UVB} > K_{UVA} > K_{可见光}$）及与不同自由基的光化学反应机制。

五、"海洋高端智能装备"计划

"海洋高端智能装备"计划旨在围绕海洋环境保障、海洋资源开发利用和海洋装备制造转型的迫切需求，聚焦海洋观测探测、海洋高端装备研发、海洋资源开发利用，实现海洋核心技术与装备自主可控，引领海洋装备技术发展，助推海洋科技创新。

1. "观澜号"三维高分辨率卫星稳步推进

完成了观澜卫星主载荷（干涉成像高度计和海洋激光雷达）数字样机系统，建立了"遥感机理-工作体制-反演算法-处理系统-精度验证"的一体化全链路正演和反演仿真系统；实现了卫星载荷与平台一体化设计；在国内首次完成海面干涉测高航空校飞试验，验证了Ka波段干涉测高的技术可行性和指标先进性；在国际上首次完成双波长激光雷达系统机载试验，在南海一类水体探测深度达到约100m，验证了海洋生物光学剖面激光探测的技术可行性——为发展自主海洋三维高分辨率遥感技术、填补卫星对海洋亚中尺度动力过程和海洋剖面遥感的空白奠定了理论与技术基础，观澜卫星的海面高度观测技术被纳入"OceanObs' 19未来十年国际海平面观测计划（2020—2030年）"。

2. 无人移动观测平台研制取得新突破

水下滑翔机装备技术实现近海-大洋-深渊系列化。"海燕-X"万米水下滑翔机刷新下潜深度世界纪录。第二代"海燕-X"万米水下滑翔机突破了超高压浮力精密驱动和补偿、轻型陶瓷复合耐压壳体的设计制备与测试、多传感协同控制等系列技术瓶颈，于2020年7月在马里亚纳海沟附近海域下潜到10 619m深度，刷新由其保持的8213m下潜深度世界纪录，验证了"海燕-X"水下滑翔机在深渊环境工作的可靠性。

"海燕-L"长航程水下滑翔机连续工作航时创造新纪录。"海燕-L"连续多次刷新水下滑翔机的续航里程、连续工作天数、连续观测剖面数的中国纪录，将续航能力从2016年的30天、1000km提升到2020年的300天、4000km。

"海燕-4000"水下滑翔机观测技术取得突破。"海燕-4000"水下滑翔机突破了轻量化中性耐压壳体设计制造、大深度变载荷耐压密封等技术瓶颈，最大工作深度超过4000m，累计工作时间68天，续航里程1423km，这些数据表明我国4000m级水下滑翔机达到国际先进水平。

水下仿生技术研发获重要进展。完成国内首个仿海豚样机湖上定深、定速、机动航行试验，验证直线游动、机动转弯等原理，发展仿生低噪声、超长航程、智能决策，提高集群协同能力。完成仿蝠鲼样机胸鳍推进原理验证，实现定深定速巡游、快速上浮下潜等动作验证试验，具备高效推进、高续航力、高机动性等优势，可搭载CTD、水听器、摄像机等设备，仿生流线型外形与柔性摆动推进模式可大幅降低流噪声水平，噪声谱与海洋背景噪声谱相近。

3. 水下光学成像与目标探测技术取得新进展

通过选通、偏振、仿生、计算成像等多技术融合，结合水下光学特性研究，在全海深高清成像、水下3D及全景成像、水下远距离成像等技术方面取得重要突破，成功研制出全海深超高清3D相机。11月，全海深超高清3D相机参与了"奋斗者"号万米载人深潜器海试。该相机在"沧海"号全海深着陆器上搭载，在央视进行了全球首次万米深潜电视直播，图像分辨率高、成像距离远、画质优异，创造了中国载人深潜新纪录。

4. 实现最大规模的无人观测平台组网观测

针对海洋观测站位稀疏、时空分辨率不够等现状，使用水下滑翔机、波浪滑翔器、Argo浮标和潜标等异构无人观测设备，在南海对中尺度涡、台风等开展协同长期立体观测，实现对南海北部中尺度暖涡、越南东部冷暖涡对的细致结构观测，完成了对多个台风经过海域的海洋环境协同观测，首次获得了台风过程中的海洋现场环境参数。

截至2020年11月22日，无人系统协同组网观测已完成112台套（169台次）观测设备布放作业，构建的观测系统已累计运行251天，获取观测剖面数据超过1.6万个，其中水下滑翔机200m、1000m、3000m深度段剖面超过1.3万个，Argo剖面超过3300个，波浪滑翔器累计观测时间447天，入网的移动平台观测总航程超过8.6万km。首次实现了水面与水下、移动与固定的规模化无人装备协作和协同，验证了异构无人编队的运动规律和控制原理；首次实现了海上实时观测信息-岸基超算平台-科考船操控节点的三方通信功能。

第二节　重大科研平台建设

聚焦海洋试点国家实验室五大战略任务，以提升海洋原始创新能力和支撑重大科技突破为目标，按照科学布局、创新导向、开放共享、支撑服务的原则，重点部署基础性、前瞻性、战略性的大型科研设施。先期布局建设了7个公共科研平台，基本覆盖海洋领域重点学科方向和事关海洋科技长远发展的关键领域，服务能力和运行效能达到国内先进水平。全年面向81个科研团队提供了科学计算、航次共享、分析与测试、同位素测定、机械加工制造、冷冻样品数据收集等24种共享服务，支撑了207项科研项目实施。

一、高性能科学计算与系统仿真平台

以服务实验室战略任务为核心，不断发展高性能计算技术、提升计算性能，2020年持续建设超算升级项目，以满足海洋强国战略需求和服务国民经济主战场为目标，依托面向未来的高性能超级计算系统，全力打造数据感知最广、计算速度最快、海洋信息最全、海洋服务最细的国际一流超算中心，实现海洋科技创新重点突破与超级计算自主研发的耦合式跨越。夯实现有资源基础，深化超算互联网建设。平台现已建成CPU、GPU等各类异构集群11种，联合国家超级计算济南中心、国家超级计算无锡中心，形成总计算能力达到133.2P的跨地域超算系统，协同计算能力居全国首位。

围绕"透明海洋"、"蓝色生命"和"海底发现"等研究任务，提供从数据获取、计算分析到应用研发全链条的超算技术支撑服务，全年面向科研用户累计服务CPU计算资源1.5亿核时、GPU计算资源150万卡时、超算互联网资源约10亿核组时，支撑重大科研项目74项；全方位汇聚多源异构海洋大数据，探索实现海洋信息及数据的开放共享。瞄准国际海洋科研领域前沿，致力于部署下一代众核超算集群，加快推进海洋产业与信息技术的深度融合，支撑服务"海洋与宜居地球""创新药物与蓝色药库""固体地球与战略性资源"等八个应用方向。

二、海洋创新药物筛选与评价平台

以提供高质量的海洋药物活性筛选和安全评价服务为目标，瞄准国际新药创制的前沿方向，形成了从疾病靶点发现、药物筛选模型建立、药物高通量/高内涵筛选到药理/药效学研究、成药性研究、药物安全性评价等全方位的创新药物研发体系，建成国际首个开放共享的海洋药物虚拟数据库，快速锁定药物靶点与生物活性的预测准确率由不足20%跃升至70%以上，缩短研发周期3～5年。

2020年，平台全年提供智能超算虚拟筛选服务机时870h、分析与检测服务机时923h，支撑服务国家重点研发计划、国家自然科学基金等科研项目31项，具备快速、高效、准确的创新药物筛选能力。

三、同位素与地质测年平台

围绕海洋地质过程、海底矿产资源和地质年代学等科研需求，对标国际同类分析测试平台，致力于建设具有国际先进仪器设备、国际一流服务能力及测试水平的同位素与年代学测试的综合研究平台。

平台现已建成加速器质谱、稳定同位素质谱等六个实验室，配备加速器质谱仪、稳定同位素质谱仪等设备9类13台套，具备多尺度全时年代学分析和全方面同位素组成分析能力，满足对海水、淡水、沉积物、岩石、矿石、生物化石及其他海洋样品同位素组成和地质年代学的分析测试需求。全年提供设备服务机时5114h，检测样品4249件，支撑服务国家自然科学基金、重大专项等科研项目20项，为海洋科技创新对多种同位素的分析测试和精确年代学研究提供平台技术支持。

四、海洋高端仪器设备研发平台

以先进制造业为技术牵引，以研究开发稳定、可靠、高效的海洋仪器设备为目标，现已完成快速机电试制、海洋仪器测试与作业保障模块和高精度激光加工中心建设，配备五轴镗铣加工中心等数十台套大型设备，初步具备国内一流的多品种、小批量、高精度的机械加工能力及多种类金属及非金属材料3D打印能力、海洋仪器设备环境测试能力、万级超净激光加工能力等。正在积极推进山东省重大科研平台海洋观探测装备、声学、遥感定标、传感器等模块的建设工作，努力打造海洋领域高端仪器设备研发的"梦工厂"。

围绕"透明海洋"等重大战略任务需求，承接"新型海洋大气边界层动力学剖面自动观测系统研发"激光雷达部件、供电系统的倾斜摇摆测试，"波浪滑翔器海气通量观测技术开发与应用"尾舵系统核心部件的加工，支持白龙浮标、万米AUV、"海燕"水下滑翔机等设备关键零部件的倾斜摇摆试验、温湿度测试、加工制造、3D打印等98项任务，服务时长5694h，测试加工零部件2129件。提供海洋仪器设备研发设计、制造、测试一体化的全流程服务，支撑服务国家重点研发计划、国家自然科学基金、"问海计划"等科研项目41项。

五、海洋分子生物技术公共实验平台

围绕海洋生命科学前沿和国家重大需求，建成全国海洋领域首个冷冻电镜中心，总建筑面积为

10 220m², 主要由6个技术单元、科研辅助设施及学术办公区等构成, 配备功率为300kV、200kV、120kV的电镜及双束电镜等4台冷冻电镜, 具备样品检测及电镜数据处理能力, 实现冷冻单颗粒三维分析、原位冷冻电子断层三维重构、近原子级别大分子解析。

2020年该平台进入试运行阶段, 围绕"蓝色生命"计划实施及海洋结构生物学研究迫切需求, 面向国内生命科学领域相关优势团队发布任务、机时需求征集, 并于6月首次开展对外服务, 已提供设备服务机时3048h, 检测样品444件, 支撑服务国家自然科学基金、重大专项等科研项目9项。同时布局建设海洋分子生物技术公共实验平台其他功能模块, 力争实现海洋生物大分子制备与功能表征、海洋生物单细胞多组学研发、海洋生物影像观测等六大功能。

六、海洋能研发测试平台

根据国家重大战略需求和国际海洋科技发展趋势, 坚持科学规划、创新导向、开放共享、支撑服务的原则, 推动有利于人类社会可持续发展的海洋可再生能源开发利用, 启动海洋能海上综合试验场建设。已完成海洋能试验场设计方案, 并开展多型测试场仪器设备等采购工作, 预计2021年完成建设, 建成后能满足海洋能装置大比尺(原型)现场测试要求。

为加快海上综合试验场建设步伐, 进一步提高海洋能平台服务支撑能力, 平台与科研机构、地方政府、高校和企业多次开展调研交流、技术研讨等活动, 涵盖海上测试场建设方案、海洋能发电装置研发和测试、海上平台改造、标准化建设、可再生能源产业发展等内容, 并与欧洲海洋能源中心(EMEC)签署了多项合作协议, 共同促进中英海洋能科学与技术发展, 以形成一个支撑海洋能源产业的世界级测试中心。已完成投资2000万元的海上综合试验场斋堂岛海洋能试验场建设, 正在开展海上综合试验场总部基地及海域选址。

七、深远海科考船共享平台

围绕国家海洋科学考察任务需求, 汇集国内涉海科考力量, 组建深远海科考船队。2020年, 科考船队规模进一步壮大, 新增"海洋地质二号"、"实验1"号、"实验2"号、"实验3"号、"实验6"号5艘科考船, 科考船数量增至32艘, 总吨位近10万t, 配备各类船载调查设备800余套, 形成以青岛为核心、辐射全国的海上调查设施和资源共享体系, 通过高效的船时和设备共享机制, 促进海洋调查设备和资料资源的进一步共享。

平台围绕"两洋一海"科学考察研究、重大海洋仪器设备研发任务及开放共享需求, 全年共组织实施28个共享航次, 累计共享船时836天, 支撑32项科研项目; 配备的物理海洋、海洋声学、海洋地质等船载海洋调查设备全面开放共享, 为16个科研团队提供设备共享服务1063天, 充分发挥各单位的科研力量优势, 探索多学科、全覆盖、协同作业机制, 实现船时共享资源利用最大化, 服务"透明海洋"、"蓝色生命"和"海底发现"等计划实施。

第三节　创新团队建设

人才是第一资源。秉持以重大战略任务为牵引、以大平台为支撑, 建立了一支以功能实验室、联合实验室、开放工作室、境外协同创新中心为主体的, 包括院士31人、国家特聘专家18人、长江学者21人、国家杰出青年科学基金项目获得者67人在内的衔接有序、梯次合理的2200余人的海洋科技创新队伍。2020年, 重点改革完善人事管理制度, 积极推进人才计划, 创新人员评价体系, 人才队伍稳步壮大、结构持续优化、创新能力进一步提升。

谋划队伍建设，优化人才梯队结构。系统谋划人才队伍建设，编写完成《青岛海洋科学与技术试点国家实验室人才队伍建设规划（2020—2025年）》。2020年，引进院士、卓越科学家、青年科研骨干50余名，打造结构优化的人才梯队；柔性引进上海光学精密机械研究所海洋激光雷达团队，为"观澜号"海洋科学卫星的空间激光探测与信息技术研发提供支撑。

完善人事制度，规范人才管理流程。发挥海洋试点国家实验室人才集聚优势，优化人才引进流程，修订"鳌山人才"系列办法，规范申请、遴选、考核环节，统筹做好人才配套支持，发挥人才政策导向作用；创新人才管理模式，修订《双聘人员管理办法》《职员管理办法》等制度，分类实施"双聘制"和"职员制"，激发科研人员创新活力，促进管理服务"去行政化"；探索联动培养优秀青年人才，出台《博士后工作管理办法》，为优秀青年人才干事创业提供政策保障。

创新人才评价体系，健全人才激励机制。坚持"科学规范、质量优先、公开公正、分类评价"原则，构建"多维度"人才评价体系：对科技领军人才重点评估其战略引领和重大计划策划组织实施能力，对骨干人才重点评估其科研业绩和学术影响力，对青年科技人才注重综合素质评价，对科研支撑人才注重其技术水平和对科研的支撑贡献，对成果转化类人才注重其取得的经济效益和社会评价，对科研服务人才更加注重其综合服务支撑能力。构建多元化薪酬分配体系，向优秀和突出贡献人才适度倾斜，完善以职员制工资为主体，项目工资、协议工资等多种薪资分配形式相结合的薪酬体系，激发人才创新动力。积极营造宽容失败、鼓励创新的文化氛围。

第四节　合作与交流

大力推动落实国际化战略，在全球分布式协同创新网络构建、全球海洋科技创新治理、高端学术交流平台搭建等方面取得重要突破。

一、构建全球分布式协同创新网络

1. 国际南半球海洋研究中心

国际南半球海洋研究中心以南大洋海洋观测为重点，构建深海观测浮标系统，推进南大洋气候变化、生物多样性及生态系统研究，2020年继续稳定运行，中心主任蔡文炬博士5月当选为澳大利亚科学院院士。

2020年，国际南半球海洋研究中心与澳大利亚综合海洋观测系统（IMOS）共同主导了"印-太盆际交换印尼贯穿流测量及模拟（MINTIE）国际项目"中的澳大利亚部分；同塔斯马尼亚大学共同申请了澳大利亚研究理事会（ARC）探索项目资金（DPG），通过开发高分辨率模式对印度尼西亚贯穿流的海气相互作用进行深入研究；在美国地球物理联合会（AGU）成立100周年之际，中心主任蔡文炬博士、中心课题组组长Agus Santoso博士、中心顾问委员会委员Michael McPhaden教授等共同编辑出版了《气候变化下的厄尔尼诺-南方涛动》一书，对厄尔尼诺-南方涛动动力学机制及其对气候变化响应进行了全面论述。

2. 国际高分辨率地球系统预测实验室

国际高分辨率地球系统预测实验室启动实施了"高分辨率CESM现在及未来气候模拟"等5个科研项目，运行第一年超额完成年度计划。

实验室解决了超大规模并行计算在众核异构芯片上长期稳定积分等诸多技术难题，全球首次完成了CESM模式高分辨率-神威众核异构版本的优化，并在"神威·太湖之光"高性能计算机上实现了高效稳定运行与科学验证。依托高分辨率模式，完成了高分辨率全球气候变化模拟实验，获取了世界上时间序列最长（500年）、分辨率最高（大气和陆地水平分辨率25km、海洋和海冰水平分辨率10km）的地球气候系统模拟大数据，在显示年均热带气旋数量、厄尔尼诺对热带气旋活动的影响、全球热带气旋区域分布情况等方面较低分辨率模拟有了显著提升，并于6月8日"世界海洋日"面向全球发布共享，为响应落实"联合国海洋科学促进可持续发展十年（2021—2030年）"计划提供技术支撑。

3. 港澳海洋研究中心

依托香港科技大学，联合港澳两地6所大学成立港澳海洋研究中心，融入海洋强国建设。选聘香港科技大学甘剑平教授为港澳海洋研究中心主任，组建了中心理事会、科学咨询委员会、研究指导委员会，并顺利召开第一年度理事会会议，确定了年度工作计划、预算及资助项目等。港澳海洋研究中心的建设，对于加强港澳与内地的海洋科技交流合作、推动海洋科研多领域协作与跨学科融合具有重要意义。

4. 中俄北极研究中心

与俄罗斯科学院希尔绍夫海洋研究所通过视频会议等方式协商研讨中俄北极研究中心建设运行事宜，形成中俄北极研究中心"五年行动计划""十年科学规划"等文件，加快推进中心建设；启动筹备2021年北极夏季航次联合科考，为"冰上丝绸之路"建设开拓创新实践。

二、深度参与全球海洋科技创新治理

海洋试点国家实验室作为组长单位，牵头编写了科技部中长期国际合作战略研究报告。

作为金砖国家海洋与极地科学工作组国内牵头单位参加了"金砖国家海洋与极地科学工作组"年会，提出在金砖国家机制框架下开展北极环境变化及其全球效应研究、极地观测技术研发与技术转移应用国际合作、在青岛举办"金砖国家海洋与极地科学工作组第四次会议"和"2021年极地青年科学家研讨会"等建议，均被纳入会议"联合声明"签署文件；参与完成"金砖国家海洋极地科技创新报告"，推动我国成为金砖国家海洋科技创新治理的中坚力量。

牵头承担国家重点研发计划"三极环境与气候变化重大科学问题预研究项目"，联合多家国内三极领域优势科研单位，通过北极与第三极现场实地考察和南极站位观测，配合国产遥感卫星，完成三极综合协同观测；梳理了国内三极国际科技合作基础，提出三极国际科技合作建议，助推"三极环境与气候变化国际大科学计划"的发起。

举办"建设全球透明海洋共同体国际研讨会"第二次会议，邀请美国、英国、法国、德国、澳大利亚、加拿大等国家和国际组织的30余名专家，围绕海洋观测技术创新、海洋观测系统设计、海洋观测人工智能和机器学习、数据开放共享等内容，研讨"全球透明海洋"计划实施的初步方案、时间表、路线图及具体合作领域，助力"联合国海洋科学促进可持续发展十年（2021—2030年）"计划实施。

三、搭建高端学术交流平台

打造高端学术交流平台——鳌山论坛，面向科技前沿、面向未来，在碰撞思想、启迪智慧的同时，促进学科交叉与融合，凝练国家海洋领域重大课题，酝酿发起大科学计划，推进海洋科技创新，促进海洋科技成果转化。

2020年采取"线上+线下"会议组织新举措，举办12期鳌山论坛（线下2期、线上10期），参与研讨的国内外专家学者达3000余人次，促进学科交叉融合与科技协同创新，推动海洋试点国家实验室开放合作新态势形成，打造引领海洋科技创新的新型智库。

以"滨海湿地保护与修复"为主题的鳌山论坛，研讨了滨海湿地退化与修复等关键问题，建议从地球系统科学角度开展自然资源综合调查，推动"气候变化对滨海湿地功能影响"重大项目立项实施；以"健康海洋科技发展战略"为主题的鳌山论坛，凝练了"健康海洋"研究的关键科学问题，提出了海洋生态文明建设与环境保护的相关对策建议；以"海洋科学进展"为主题的系列线上鳌山论坛，围绕"深地"、"深空"、"深海"与"地球系统科学"等领域开展研讨，促进了学科交叉融合，为发展海洋科技提供借鉴。

第五节　服务社会

青岛海洋科学与技术国家实验室有限公司推进与山东易华录信息技术有限公司、青岛海洋科技投资发展集团有限公司、上海彩虹鱼海洋科技股份有限公司、青岛蓝谷高创投资管理有限公司等的合作并成立合资公司，创新促进科技成果转化机制，积极推动海洋相关产业结构优化升级，打造海洋经济增长新引擎。

一、"深蓝生命大脑"智能计算平台服务

集成超算资源优势和海洋生物领域研究成果，构建"深蓝生命大脑"耦合智能计算平台。实施"海洋智能超算药物组学大数据关键技术研究及产业应用"项目，首次提出海洋智能超算药物组学计划。2020年，稳步推进海洋生物医药大数据资源平台建设，建成海洋天然产物三维结构数据库（Marinchem3D），抗病毒药物快速筛选体系研发成效显著，通过计算机结构预测与同源模建确立了病毒的7个药物筛选靶点，并将靶点模型面向社会开放共享，供广大科学家和企事业单位用于非营利性目的的药物筛选工作，包括克利夫兰医学中心、宾夕法尼亚大学等全球近190家顶尖医院和科研院所注册下载使用。从全国高校与科研院所收集海洋天然产物信息77 969个，针对此7个药物靶点，利用分子对接与动力学模拟开展药物虚拟筛选工作，筛选得到具有潜在防治病毒的药物先导化合物20余个并进入临床前研究阶段。

二、"黄渤海信息服务系统"建设

2020年，加快建设"黄渤海信息服务系统"，以"透明海洋"观测体系与"两洋一海"预报体系为基础，打通数据获取、数据整合、数据利用链条，构建智能观测、智能计算、智能服务等三大平台，有望于2021年上线应用。集成海洋牧场、海洋生态环境、海上应急救援、港口航运、海洋科普文旅等典型应用，实现对青岛以南20 000km²浒苔频发海域、山东半岛北部莱州湾10 000km²的生态环境、黄海冷水团养殖渔场和莱州湾典型海洋牧场的渔场环境、青岛港进港船舶港口全要素信息、山东及毗邻海域海上事故应急救援环境和态势的24h连续观监测，为山东海洋强省建设和海洋领域新旧动能转换提供信息支撑保障。

三、"深蓝渔业"高端装备研制

深远海大型养殖工船研制取得重大进展。设计并建成大型养殖工船中间试验船——"国信101"号，已在闽东水域开展大黄鱼试养；突破了船舶总体系统、适渔性舱养结构、船舶与养殖系统集成、舱养环境系统、自动投饲、成鱼起捕等关键技术，具备了深远海大型养殖工船总体研发、

装备集成和详细设计能力，完成全球首艘10万t智慧渔业大型养殖工船"国信1"号总体研发和详细设计，并实现开工建造，构建以养殖工船为核心的"养-捕-加"一体化的新型养殖模式。

助推建成国内最大远洋渔业捕捞加工船。建成国内最大、全球先进的"深蓝"号远洋渔业捕捞加工船，填补了我国在高端现代化渔船建造领域的空白，现已完成南海海域第二次海试。该船总吨位10 700t，日捕捞能力600t左右，集成了海洋试点国家实验室、中国水产科学研究院等多家单位在整船装备、精深加工等系列关键技术和装备方面的研发成果，配有目前世界最先进的连续泵吸捕捞系统和全自动生产流水线，对于开发南大洋等远洋渔业资源、保障食品安全和维护海洋权益具有重大意义。

四、海洋新材料研发及应用

开发了针对海洋环境不同区带腐蚀特征的腐蚀防护集成系统。重点解决了针对浪花飞溅区腐蚀的复层矿脂包覆防腐蚀技术（PTC），针对大气腐蚀区的氧化聚合型包覆防腐技术（OTC）、钢筋混凝土结构的腐蚀防护与修复技术及海水全浸区的阴极保护监测/检测技术等，打破国外技术垄断，破解了海洋环境腐蚀这一世界性难题，相关技术已成功应用于我国海南文昌卫星发射中心避雷塔及港口码头、石油平台、风电装置、跨海大桥及西沙群岛永兴岛和南海某岛礁等近百项重大基础设施，2020年估算节约腐蚀成本约15亿元。

五、海洋科普

年内，海洋试点国家实验室园区接待社会各界参观来访近2000人次，获"山东省级海洋意识教育示范基地"称号。举办两期"问海讲堂"科普公开课，通过实验室微信公众号直播，累计收看人数超过70万人次，社会反响热烈。聚焦科研动态、海洋政策、院士采访等主题组织13次宣传活动，参与拍摄专题节目9组，官网累计点击量近1000万次。加快推进国际海洋科普联盟建设，已有全球16个国家的55家单位加盟；发起"深蓝融媒体联盟"，人民网、新华社、国家高端智库海洋中心等28家单位加入海洋科普阵营；与"海洋知圈"等40余个微信平台合作，构建高效、高质联动的互联网科普宣传新格局。年内，《人民日报》、《科技日报》、新华社等平面媒体刊发新闻近60篇，中央电视台、山东电视台等播报消息近30条，2020年网络搜索相关结果近1000万个，新华社客户端新闻阅读量均超10万人次，中文微信公众号制作图文130余篇、粉丝数超16万人，英文微信公众号关注量增加近17%，各项数据稳居国内海洋科研机构榜首。

第九章　海洋野外科学观测研究站专题分析

　　《"十三五"国家科技创新基地与条件保障能力建设专项规划》指出，国家野外科学观测研究站（简称"国家野外站"）是依据我国自然条件的地理分异规律，面向国家社会经济和科技战略布局，服务于生态学、地学、农学、环境科学、材料科学等领域发展，获取长期野外定位观测数据并开展研究工作的国家科技创新基地。文件提出加强基础支撑和条件保障类国家科技创新基地建设，对国家野外站建设布局和运行管理机制提出了要求。

　　《国家野外科学观测研究站建设发展方案（2019—2025）》中《优化国家野外站系统布局》章节专门提出，围绕实施国家应对全球变化和海洋强国战略的科技需求，支撑海洋科学、极地和冰冻圈科学、大气科学和地球表层系统科学发展，依据海洋气候和生态系统特征及区域代表性，重点在尚未布局的典型海湾、岛屿和岛礁，如我国的南海、黄海海区等，布局海洋生态系统国家野外站；依据全球极地与冰冻圈地理分布，在全球重要特殊环境和高寒高纬度区域，如青藏高原、南极、大陆和海洋性冰川区域等，布局环境变化、冰川、冻土等国家野外站。依据全球气候系统和海洋环流特征，布局和完善陆地与海洋的大气本底国家野外站；在我国主要气候带和重要自然地理区域，如东北、华北、南方山地、黄土高原和青藏高原等区域，布局地球关键带和地表物质能量通量国家野外站。

　　国家野外站经过多年发展，获取了大量第一手定位观测数据，取得了一大批重要成果，锻炼培养了野外科技工作者，支撑了相关学科发展，为经济社会发展提供了科技支撑。海洋野外科学观测研究站（简称"海洋野外站"）是国家野外站布局的重要部分，教育部、中国科学院和自然资源部等主管部门也根据国家政策规划开展相关海洋野外站的建设布局。本章对国家和各部委建设的海洋野外站布局现状展开分析，并对部分国家海洋野外站进行概况介绍。

第一节 我国海洋野外科学观测研究站概述

国家野外站是国家研究试验基地的有机组成部分，也是国家科技基础条件平台建设和科技创新体系的重要内容。随着当今世界科技竞争的日益加剧，世界各国进一步加强野外观测站建设，一批应用新技术、面向全球科学问题的野外观测设施逐渐形成。加强国家野外站建设是应对国际科技竞争的必然选择。而约占地球面积70%的海洋是国际竞争之间的焦点，因此海洋野外站的建设更是重中之重。

一、国家海洋野外科学观测研究站

为推动新时期国家野外站建设发展，根据《国家科技创新基地优化整合方案》和《国家野外科学观测研究站管理办法》的相关要求，2019年科技部委托专业评估机构开展国家野外站的梳理评估。根据梳理评估结果和现场抽查核实，大多数国家野外站的基础设施完备，积累了大量、规范、可靠的长期连续观测数据，取得了一批高水平科研成果，建设发展成效显著。经研究，确定了国家野外站优化调整结果，将原有105个国家野外站优化调整为97个国家野外站，其中有9个涉海，如表9-1所示。2020年12月，科技部办公厅关于组织填报《国家野外科学观测研究站建设运行实施方案》的通知中，公布了69个野外站列入国家野外站择优建设名单，其中13个涉海，如表9-1所示。截至目前，我国共有国家野外站166个，其中有22个涉海。

表 9-1 国家海洋野外站信息

序号	国家海洋野外站名称	依托单位	主管部门	公布时间
1	山东胶州湾海洋生态系统国家野外科学观测研究站	中国科学院海洋研究所	中国科学院	
2	广东大亚湾海洋生态系统国家野外科学观测研究站	中国科学院南海海洋研究所	中国科学院	
3	海南三亚海洋生态系统国家野外科学观测研究站	中国科学院南海海洋研究所	中国科学院	
4	南极中山雪冰和空间特殊环境与灾害国家野外科学观测研究站	中国极地研究中心	自然资源部	
5	南极长城极地生态国家野外科学观测研究站	中国极地研究中心	自然资源部	2019 年
6	山东青岛海水大气环境材料腐蚀国家野外科学观测研究站	钢铁研究总院青岛海洋腐蚀研究所有限公司	国资委	
7	浙江舟山海水环境材料腐蚀国家野外科学观测研究站	钢铁研究总院舟山海洋腐蚀研究所	国资委	
8	福建厦门海水环境材料腐蚀国家野外科学观测研究站	中国船舶重工集团公司第七二五研究所	国资委	
9	海南三亚海水环境材料腐蚀国家野外科学观测研究站	中国船舶重工集团公司第七二五研究所	国资委	
10	长三角大气与地球系统科学野外科学观测研究站	南京大学	教育部、江苏省	
11	台湾海峡海洋生态系统野外科学观测研究站	厦门大学	教育部、福建省	
12	南沙珊瑚礁生态系统野外科学观测研究站	自然资源部南海环境监测中心、自然资源部第三海洋研究所	自然资源部	
13	北极黄河站地球系统科学野外科学观测研究站	中国极地研究中心	自然资源部	
14	粤港澳大湾区港珠澳大桥工程安全野外科学观测研究站	港珠澳大桥管理局	交通运输部	2020 年
15	山东长岛海洋生态系统野外科学观测研究站	中国水产科学研究院黄海水产研究所	农业农村部	
16	西沙海洋环境观测研究站	中国科学院南海海洋研究所	中国科学院	
17	环渤海滨海地球关键带野外科学观测研究站	天津大学	天津市	
18	塞罕坝人工林生态系统野外科学观测研究站	北京大学	河北省	

续表

序号	国家海洋野外站名称	依托单位	主管部门	公布时间
19	辽宁盘锦湿地生态系统野外科学观测研究站	沈阳农业大学	辽宁省	
20	长三角生态绿色一体化发展示范区湿地生态系统上海市野外科学观测研究站	上海师范大学	上海市	2020 年
21	长江河口湿地生态系统上海市野外科学观测研究站	复旦大学	上海市	
22	澳门海岸带生态环境野外科学观测研究站	澳门科技大学	澳门特别行政区	

二、教育部海洋野外科学观测研究站

贯彻《国家科技创新基地优化整合方案》精神，在具有研究功能的部门台站基础上，根据功能定位和建设运行标准，依托科研院所、高校择优遴选建设一批国家野外科学观测研究站。因此，为推动高校积极争取建设国家野外站，加强高校野外科学观测研究能力建设和科学数据积累，提升相关领域人才培养水平，教育部组织开展了2019年教育部野外站认定工作，经评审和研究，决定认定52个野外站为教育部野外站，其中9个涉海，如表9-2所示。这9个野外站中有3个在2020年12月被列入国家野外站择优建设名单。

表 9-2　2019 年教育部海洋野外站信息

序号	海洋野外站名称	依托单位	备注
1	黄河口湿地生态系统	北京师范大学	
2	地球系统区域过程	南京大学	2020 年入选国家站
3	长江三角洲河口湿地生态系统	华东师范大学	
4	上海长江河口湿地生态系统	复旦大学	2020 年入选国家站
5	台湾海峡海洋生态系统	厦门大学	2020 年入选国家站
6	上海长三角人口密集区生态环境变化与综合治理	上海交通大学	
7	浙江舟山群岛海洋生态系统	浙江大学	
8	海州湾渔业生态系统	中国海洋大学	
9	珠江口海洋生态环境	中山大学	

三、中国科学院海洋野外科学观测研究站

中国科学院野外台站最早可追溯到紫金山天文台的青岛观象台，始建于1898年，其中2000～2009年的十年间，共建立73个野外台站，湿地研究、海洋科学、环境科学、青藏高原问题成为该时期建站的热点，在国家基础设施建设、重大科学工程、国家重大建设工程等需求下，野外科学工作显现出前所未有的重要价值。

截至2018年，中国科学院45个研究所先后建立了212个野外台站，主要在生态、环境、农业、海洋、地球物理、天文、空间、金属腐蚀等研究领域，包括国家级站47个、院级站40个、所级站99个、室（组）级站18个、合建和其他野外站8个，其中海洋野外站共计16个。

目前，中国科学院野外台站职工人数为3311人，包括研究人员和监测、技术支撑与管理人员。这些人员是长期在站工作人员，不包括长期在野外台站执行项目任务和交流的科研人员。中国科学院野外台站的站长均为该学科领域的中青年科研骨干，212位站长中有30多人是国家自然科学基金

委员会杰出青年基金获得者、"973"首席科学家，作为领域重要学科带头人，对把握野外台站的学科方向具有十分重要的作用。

在海洋方面，中国科学院在创新三期部署建设了"中国科学院近海海洋观测研究网络"，见表9-3，该网络包括4个新建的海洋观测研究站、现有的3个国家临海生态环境监测站及中国科学院近海开放航次断面调查，实现了点、线、面结合的多要素同步观测，同时兼有全面调查与专项研究功能。该网络由中国科学院海洋研究所和南海海洋研究所共同负责日常的运行管理。

表 9-3 　中国科学院近海海洋观测研究网络台站分布详表

序号	野外台站	类别	建站年份	研究所
1	海南热带海洋生物实验站	国家、CERN	1979	南海海洋研究所
2	大亚湾海洋生物综合实验站	国家、CERN	1984	南海海洋研究所
3	胶州湾海洋生态系统研究站	国家、CERN	1981	海洋研究所
4	西沙海洋观测研究站	院近海网络	2007	南海海洋研究所
5	南沙海洋观测研究站	院近海网络	2007	南海海洋研究所
6	黄海海洋观测研究站	院近海网络	2009	海洋研究所
7	东海海洋观测研究站	院近海网络	2009	海洋研究所

该观测网络是我国近海生态、生物资源、海洋环境与声学观测研究体系的核心部分，是水下定位与导航技术、水声通信技术、水下光缆技术、深海工程结构、深海机器人等高技术研究的关键支撑平台，能有效地监控我国近海生态系统、生物资源和海洋环境的演变，以及关键航道断面的海洋环境与声学特性变化。

该观测网络积累和提供长期综合性基础资料，为阐明中国近海的长期变化规律，发现新的海洋现象，揭示和预测在自然与人类活动双重作用下海洋动力环境、水体环境、地质条件、生态系统的响应，为原创性理论的创立提供实测依据；将最大限度地采集与融合平台邻近海区实时海洋综合信息，为海洋环境预测、灾害预警提供实时监测数据；提升海洋科技自主创新能力，为海洋科学技术向纵深发展做出引领性贡献。

四、自然资源部海洋野外科学观测研究站

按照《中共自然资源部党组关于深化科技体制改革提升科技创新效能的实施意见》的部署，提出要围绕重塑科技创新格局、大力推进科研管理改革、集聚资源创建国家级平台、改革人才激励机制、营造良好创新环境等5部分，深化科技体制改革，提升科技创新效能。在重塑科技创新格局方面，要构建重大科技创新攻关体制，促进科技创新成果转化应用；在大力推进科研管理改革方面，强调要深化科技领域"放管服"改革，推进现代科研院所制度改革，改革创新绩效考核机制；在集聚资源创建国家级平台方面，提出要改革科技平台创建模式，积极谋划助推国家实验室建设，加快创建优势领域国家重点实验室，探索国家级工程技术平台创建模式；在改革人才激励机制方面，用好高层次创新人才，强化高层次创新人才绩效激励；在营造良好创新环境方面，要求弘扬科学报国崇尚创新传统，重奖科技创新突出贡献者，构建信用管理制度。

根据《自然资源科技创新发展规划纲要》的部署，为提升自然资源野外观测能力和研究水平，2019年组织专家对部分部（局）级野外科学观测研究站（以下简称"野外站"）进行了评估优化。将15个野外站纳入自然资源部野外科学观测研究站管理序列，其中海洋野外站有8个，如表9-4所

示。其中，南沙珊瑚礁生态系统野外科学观测研究站在2020年入选国家野外站，见表9-1。

表 9-4　2019 年自然资源部公布海洋野外站

序号	自然资源部野外站名称	依托单位	运行时间
1	长三角海洋生态环境野外科学观测研究站	自然资源部第二海洋研究所、南通海洋环境监测中心站、宁波海洋环境监测中心站、温州海洋环境监测中心站	2009.7
2	北部湾滨海湿地生态系统野外科学观测研究站	自然资源部第三海洋研究所、自然资源部第四海洋研究所、广西红树林研究中心	2013.9
3	北方滨海盐沼湿地生态地质野外科学观测研究站	青岛海洋地质研究所	2006.4
4	渤海海峡生态通道野外科学观测研究站	自然资源部第一海洋研究所	2014.8
5	海峡西岸海岛海岸带生态系统野外科学观测研究站	自然资源部第三海洋研究所、自然资源部海岛研究中心、厦门海洋环境监测中心站、河海大学	2014.1
6	南沙珊瑚礁生态系统野外科学观测研究站	自然资源部南海环境监测中心、自然资源部第三海洋研究所	1988.8
7	杭州全球海洋 Argo 系统野外科学观测研究站	自然资源部第二海洋研究所	2003.5
8	北极黄河站地球系统科学野外科学观测研究站	中国极地研究中心	2004.7

第二节　国家海洋野外站概况

一、山东胶州湾海洋生态系统国家野外科学观测研究站

胶州湾海洋生态系统研究站始建于1981年，原名为"黄岛海水养殖试验场"，1986年改名为"黄岛增养殖实验站"。中国生态系统研究网络（CERN）组建后，该站1991年成为CERN 29个野外观测基本站之一，改名为"胶州湾生态系统研究站"，是我国温带海域唯一的集监测、研究和示范于一体的综合性生态系统研究站。2005年被科技部批准成为国家生态系统野外科学观测研究站，正式命名为"山东胶州湾海洋生态系统国家野外科学观测研究站"（简称"胶州湾站"）。胶州湾站是CERN中唯一一个温带海域长期研究站，也是中国科学院海洋基地建设的一个组成部分。

建站之初，胶州湾站主要从事鱼、虾、贝工厂化育苗和高产养殖关键技术的研究、示范工作，出色地完成了"胶州湾海洋环境及资源调查和鱼虾种苗放流增殖实验"等一系列重大项目，我国海洋水产养殖中的三个浪潮（海带养殖、对虾养殖和扇贝养殖）的兴起都始于胶州湾。20世纪90年代以后，胶州湾站针对日渐突出的环境问题，开始对生态系统的结构与功能进行综合调查和长期监测，并完成了"胶州湾水域富营养化的研究"等一系列科研课题。进入21世纪以来，胶州湾站开始从全球变化和人类活动影响的高度全面考量生态系统的动态变化，研究人与自然和谐发展的途径和关键技术。

胶州湾的定位是一个能够代表我国海湾生态系统监测与研究水平的长久性科学观测与研究基地；维持海洋生态系统持续、健康发展的先进技术示范和推广基地；优秀科学人才的培养基地；高度开放的国内、国际学术交流基地；具有中国特色海洋生态系统研究科学成果的展示基地。

胶州湾站规划任务包括：实施海湾生态系统与环境动态变化的长期监测，点、线、面结合，定点与走航式观测相结合，在一些固定断面和站位上进行高频率、多学科同步实时观测；对海湾生态系统长期变化的综合、集成研究；维护海洋生态系统健康发展的关键技术及其推广应用。主要研究方向有：胶州湾及其邻近海域生态系统的结构与功能的动态变化及其驱动因子；陆源物质排放的生态效应、生态安全和水产品安全；维持海湾生态系统健康发展的理论基础与技术、

方法的系统集成[①]。

二、广东大亚湾海洋生态系统国家野外科学观测研究站

大亚湾位于广东省珠江口左侧、深圳市大鹏半岛的西南部，介于23°31′12″～24°50′00″N、113°29′42″～114°49′42″E。西属深圳市，北居惠州市，东属惠东县，面积约600km²，平均水深11m，最深处21m，是南海北部一个较大的半封闭性海湾，湾内有大小岛屿50多个。年平均气压为1010hPa、温度22℃、降雨量为1500～2000mm；湾内生物资源丰富，生物类型众多，属亚热带海湾，兼有热带特色，而红树林（沿岸面积约4500亩[②]，尤其是范和港生长较茂盛）和珊瑚群落则是该亚热带海湾显示出热带特色的生境，是我国亚热带海域的重要海湾之一。广东大亚湾海洋生态系统国家野外科学观测研究站（简称"大亚湾站"）具有20多年海湾研究的历史，是我国亚热带海洋科学研究唯一的综合研究与技术支撑平台，具有不可替代的作用，早在1983年大亚湾就被广东省人民政府划为水产资源保护区，1984年广东省又将大亚湾列为重点经济开发区；大亚湾是我国目前唯一有2座核电站同时运行的典型亚热带海湾，位于湾的西岸，与大亚湾站隔海相望。大亚湾海域是受人类活动与自然影响驱动的复合生态系统。

中国科学院大亚湾海洋生物综合实验站建于1984年，隶属于中国科学院南海海洋研究所，前身是中国科学院南海海洋研究所大亚湾海湾生产力实验站。大亚湾站位于大亚湾西侧，占地面积38 000m²，水面面积60 000m²，总建筑面积11 825m²，包括鱼类实验楼、贝类实验楼、生态实验楼、室内外实验池、专家楼、招待所、宿舍和食堂等，拥有1000多万元的开展生态研究的仪器设备和信息工作站，具备开展实验生态和生态系统研究现场采样观测的设备及室内实验测试的仪器和计算机系统。

作为中国科学院开放站和中国生态系统研究网络重点站，大亚湾站在国内外海湾生态学及其生物资源可持续利用等方面享有较高的声誉与知名度，与温带的胶州湾站、热带的三亚站组成较为系统的中国海洋生态网络站。

其主要研究方向为：大亚湾及邻近海域生态系统的结构、功能及人类活动的影响；经济海洋生物的实验生物学（包括遗传育种）等研究；生物资源的研究、开发和利用[③]。

三、海南三亚海洋生态系统国家野外科学观测研究站

自20世纪60年代初开始，中国科学院南海海洋研究所就陆续开始对三亚湾的珊瑚礁和红树林生态系统的生物多样性与生物资源、水环境特征、沉积物特性等进行一系列的调查，同时开展了对珊瑚礁的形成演化及其保护、恢复和管理模式的研究，承担了一系列国家或地方委托的项目，积累了大量数据、资料及研究成果，发表论文200多篇、专著6部，申请发明专利2项，获国家和省、部级科技成果奖10多项，为最终建立海南热带海洋生物实验站奠定了基础。1979年经中国科学院批准，在三亚设立"中国科学院海南热带海洋生物实验站"（简称"三亚站"）。为此，1980年广东省委组织部专门下文将三亚站定编为正处级单位。三亚站1999年被列为国家重点野外科学观测研究站（试点站），2002年加入了中国生态系统研究网络（CERN），2006成为国家重点野外科学观测研究站。站内还设有"海南省热带海洋生物技术重点实验室"及与香港科技大学共建的"三亚海洋科学综合（联合）实验室"。

---

① http://jzw.qdio.cas.cn/
② 1亩≈666.7m²。
③ http://dyb.cern.ac.cn/

三亚站的地理位置为18.13°N、109.28°E。站区主要植被类型为灌木和人工乔木，站区主要土壤类型为珊瑚沙。其学科方向定位为：热带海湾生态系统动力过程及其资源可持续利用技术的研究。所属南海海洋研究所的基础研究重点领域的第一个学科方向定位为：热带海洋环境动力过程研究。三亚站的学科方向是南海海洋所学科方向的重要组成部分，三亚站是开展临海实验研究的主要技术平台，是一艘不需返航的"热带海洋科学调查船"，它将为我国的热带海洋科学研究提供独一无二的技术平台。中国科学院海南热带海洋生物实验站基本任务是：热带海湾生态系统基本要素基础数据的长期定位观测、研究及其资源可持续利用示范[①]。

四、长三角大气与地球系统科学野外科学观测研究站

长三角大气与地球系统科学野外科学观测研究站是以南京大学的地球系统区域过程综合观测试验基地（简称SORPES）为基础组织获批建立的国家野外科学观测研究站。

地球系统区域过程综合观测试验基地的建设始于2009年，中国科学院院士符淙斌教授全职到南京大学工作，创建南京大学气候与全球变化研究院，发起并组织重点建设该观测基地。该基地主要针对我国东部地区高强度人类活动和高变率东亚季风活动共存的特点，围绕大气成分-天气气候相互作用、大气与生态系统相互作用、地表物理过程与地气交换、灾害性天气与水循环等过程开展长期、连续和集成观测。经过长达10年的持续建设和不断发展，SORPES已经成为气候变化背景下大气与地球系统过程相互作用等前沿、交叉科学问题研究和国际合作交流的重要平台，也成为相关学科直接服务国家和地方防灾减灾与生态文明建设及为之培养一流人才的重要基地。

目前，SORPES已经建成由1个旗舰站（位于南京大学仙林校区）加多个"卫星"站和超级移动观测平台共同组成的区域集成观测系统。通过全要素、长期连续观测和强化观测试验，同时结合重大科学观测试验的组织（如2019年底在国家重点研发计划项目"我国东部沿海大气复合污染天空地一体化监测技术"框架下集成大载荷飞艇、飞机和科考船的东部沿海集成试验），获得了高质量观测数据集，由此研究人类活动对我国东部天气、气候和大气环境等的影响，研究地球系统若干区域过程的相互作用机制等。相关研究产生了一大批具有重要国际影响的科研成果并获得了多个奖项，也培养了一批在国内外有重要影响的中青年学术带头人，相关成果也为长三角地区的大气复合污染防治和生态文明建设提供了重要科学支撑[②]。

五、台湾海峡海洋生态系统野外科学观测研究站

台湾海峡海洋生态系统野外科学观测研究站（以下简称"台海站"）在2020年12月28日科技部公布的国家野外科学观测研究站择优建设名单中入选为国家级野外站。

台海站归属厦门大学地球科学与技术学部，依托近海海洋环境科学国家重点实验室、滨海湿地生态系统教育部重点实验室、福建省海陆界面生态环境重点实验室等科研平台启动建设，并与福建省海洋与预报台共建，已建成东山观测实验场（简称"东山实验场"）和漳江口观测实验场（简称"漳江口实验场"）等主要观测与实验基地，同时服务于海洋与地球学院、环境与生态学院的海洋科学、生态学、环境科学等国家"双一流"和重点学科建设。

台海站位于台湾海峡西岸，主要针对台湾海峡上升流、河口海湾与滨海湿地等亚热带典型生态系统进行长期观测与研究，整合了厦门大学在台湾海峡上升流生态系统、红树林等滨海湿地生态系统近30年的综合观测和定位研究。主要科学目标是阐明台湾海峡生态系统的长期演变及其驱动机

---

① http: //syb.cern.ac.cn/
② https: //news.nju.edu.cn/zhxw/20201231/i102141.html

制，揭示典型生态系统的连通性。通过长期系统开展台湾海峡生态系统的研究、监测和示范服务，为保障海洋生态环境健康和促进经济可持续发展提供重要科技支撑①。

六、南沙珊瑚礁生态系统野外科学观测研究站

南沙珊瑚礁生态系统野外科学观测研究站（简称"南沙站"）依托自然资源部南海局所属南海环境监测中心、自然资源部第三海洋研究所建设，现在正按国家野外站规划和定位编制实施方案，规划野外站布局和建设路径。

南沙岛礁分布范围大，海洋资源极为丰富，其珊瑚种类、生物多样性在全球范围内具有典型的区域代表性，具有建设野外科学观测研究站的地理差异性和生态系统代表性。我国南沙岛礁的珊瑚礁调查工作起步于20世纪30年代，相关科研院所和海洋管理部门先后在不同时期对南沙岛礁珊瑚礁开展了调查。但总体上，这些调查大部分为阶段性专项调查，且珊瑚礁生态要素较少，缺乏长期系统性观测和监测数据。

南沙站建设将围绕国家应对全球气候变化与海洋强国战略科技需求，针对珊瑚礁生态系统重大科学问题，利用多学科技术手段，建立并完善天空、陆地、海面、海底等观测平台，构建"一核多点"、功能齐全、体系完备的岛礁珊瑚礁生态长期定位观测体系，聚焦珊瑚礁生态系统演变过程及其对气候变化的响应机制，逐步形成"一点多元"的科学研究体系，建立开放共享机制，加大合作力度，努力建设成为集长期观测研究、开放共享、人才培养、示范服务于一体的国内领先、世界一流的珊瑚礁生态科学观测研究综合平台。

南沙站观测研究领域涵盖珊瑚礁海洋生物多样性及生物演替机制、珊瑚礁生态系统生态预警与防灾减灾、离岸岛礁珊瑚礁生态系统对全球气候变化的响应机制、珊瑚礁生态关键指标智能化观测技术研发及应用等方面。

南沙站的三步走计划：到2022年，完善基础能力建设，观测和研究硬件配置达到国家野外站科学研究同期水平；到2025年，建立并完善离岸岛礁珊瑚礁生态长期定位观测研究体系，获取长期系统稳定的珊瑚礁生态数据资源，观测研究能力达到国内领先水平；到中远期，珊瑚礁生态系统长期观测试验条件、研究水平和创新能力达到国际一流水平，在生物多样性保护、全球变化、生态系统过程和功能等国际前沿科学研究方面具有一定的国际影响力②。

七、山东长岛海洋生态系统野外科学观测研究站

山东长岛海洋生态系统野外科学观测研究站（简称"长岛站"）是由中国水产科学研究院黄海水产研究所承建，名列科技部2020年12月28日公布的国家野外科学观测研究站择优建设名单中。

长岛站位于黄渤海交汇处，群岛及其毗邻海域海洋生物多样性高、生态系统复杂，是渤海最重要的生态屏障，具有极其重要的生态环境研究价值。该站地处山东半岛蓝色经济区和环渤海经济圈与京津冀协同发展、陆海统筹等国家战略区的结合部，是渤海咽喉、京津门户与海防要塞，在国防安全、生态安全、海上安全等方面的战略地位非常重要。

围绕国家生态文明和"山水林田湖草"生命共同体建设，长岛站将开展长期性、系统性的海洋生态系统观测和研究，实现海岛毗邻水域生态系统从观测数据到科学认知的飞跃，填补我国海岛毗邻海域海洋生态系统国家野外科学观测研究站的空白，为海洋强国战略和陆海统筹生态文明建设提供科学基础。研究方向涵盖渔业资源监测与评估、渔业环境监测与保护、渔业资源分子生态学、渔

① https://mel.xmu.edu.cn/info/1042/5506.htm
② https://baijiahao.baidu.com/s?id=1692724561668340623&wfr=spider&for=pc

业微生物生态学等[①]。

八、西沙海洋环境观测研究站

西沙海洋环境观测研究站（简称"西沙站"）位于海南省三沙市永兴岛，于2007年筹建，2009年正式建成，先后建成并运行了9种共30多套观测单元，是一个集水文、气象、环境、海洋地质与地球物理等学科于一体，并可同时研究水圈、生物圈、岩石圈和大气圈及其相互作用的多学科综合观测研究站，也是中国唯一一个水深超过1000m的深海海洋环境长期观测研究站。

西沙站现有一栋实验楼，建有办公室、水文与气象实验室、水声学实验室、生物和化学实验室、会议室和专家及技术人员招待所。该站通过建立岛屿外缘坐底式海底和海底边界层观测子系统、上层海洋环境观测子系统、海洋物理环境声学层析监测子系统和海洋环境综合观测子系统，以海洋环境与海洋声学连续监测为重点，以建设西沙岛礁深海海洋环境与声学监测台站为核心，以台站监测、船舶观测、卫星遥感、信息分析和管理系统为主要单元，以实现在海洋声学技术及其监测应用、海洋遥感信息分析与应用、多源海洋监测信息资料同化与集成分析等关键技术方面取得重要的科技创新和系统集成的突破[②]。

西沙站响应国家建设海洋强国重大战略需求，聚焦热带海洋研究热点与前沿科学问题，针对南海西边界流特征、西沙群岛海域海洋水文气象变化规律和相互作用机制及西边界流对西沙群岛海域生物资源形成与生态环境的影响等问题开展长期监测与研究，在海洋传感器技术及其监测应用、海洋遥感信息分析与应用、多源海洋监测信息资料同化与集成分析等关键技术方面取得重要的科技创新和系统集成的突破。

九、环渤海滨海地球关键带野外科学观测研究站

环渤海滨海地球关键带野外科学观测研究站（简称"环渤海野外观测研究站"）成立于2019年12月，承担环渤海野外观测研究站建设的单位为天津大学表层地球系统科学研究院及天津市环渤海地球关键带科学与可持续发展重点实验室，参与环渤海野外观测研究站建设的单位包括天津市环境保护科学研究院、天津市生态环境监测中心等科研机构。

环渤海野外观测研究站的建立主要是针对全球变化和人为活动加剧背景下环渤海京津冀地区存在的生态环境问题，以社会经济和生态环境可持续发展为目标，基于地球关键带系统科学多圈层、多要素、多尺度、多学科交叉和综合集成的研究理念，在京津冀地区构建"陆-海-气"综合观测网络，搭建涵盖气象、水文、生态、地球化学、地质、遥感等多个研究领域交叉的高水平野外科学观测和研究平台，发展滨海地区地球关键带科学前沿理论和系统观测、分析方法，有效甄别人类活动、气候变化对滨海地区生态环境的影响，预测未来演变趋势，提出生态环境保护和资源利用的措施，为我国环渤海地区生态环境保护和功能提升、资源开发、重大工程建设及社会经济可持续发展提供科学依据和应用范式。

野外研究站定位为：①滨海地区地球关键带水、土、气、生要素界面过程及物质通量系统监测和基础数据积累；②滨海地区地球关键带结构、组成演化及其生物地球化学过程研究的野外试验基地；③滨海地区经济发展、生态环境改善、可持续发展目标实现的理论和技术应用示范基地；④国际地球关键带合作研究、学术交流、监测技术培训基地及人才培养和科普教学基地[③]。

---

①　https://www.cafs.ac.cn/info/1049/36952.htm

②　http://www.scsio.ac.cn/jgsz/kyxt/ywtz/xsshhyhj/

③　http://earth.tju.edu.cn/info/1899/6036.htm

十、辽宁盘锦湿地生态系统野外科学观测研究站

辽宁盘锦湿地生态系统野外科学观测研究站是中国科学院东北地理与农业生态研究所所属的野外台站之一，是东北湿地生态系统观测研究网络的重要组成部分。东北湿地生态系统观测研究网络以中国科学院三江平原沼泽湿地生态试验站为核心站，包括中国科学院大兴安岭森林湿地生态观测研究站（寒温带）、中国科学院兴凯湖湿地生态观测研究站（中温带）、中国科学院盘锦滨海湿地生态观测研究站（暖温带），形成了覆盖东北地区主要温度带和湿地类型的野外长期定位观测网络。该平台以东北地区湿地生态系统为主要对象，开展沼泽湿地生态系统要素和主要生态过程长期定位观测，为沼泽湿地生态过程、区域沼泽湿地资源保护、区域生态与环境安全管理等研究提供科学支撑平台。

辽宁双台河口国家级自然保护区位于辽河水系入渤海的核心地域，总面积12.8万hm²，为亚洲最大的滨海芦苇湿地，该区生物多样性丰富，是世界黑嘴鸥最大的繁殖地，生态意义十分重要。此外，该区由翅碱蓬形成的大面积"红海滩"，是国内外著名的旅游奇观。为了加强辽河口湿地保护，为湿地资源的合理开发与利用提供支撑，中国科学院东北地理与农业生态研究所与辽宁双台河口国家级自然保护区管理局共建中国科学院双台河口滨海湿地研究站。该研究站建于保护区内，将根据双台河口自然保护区湿地的特点，按生态监测和研究的需求，选定野外试验场及定位观测点确定观测项目和内容。该研究站的建立，将会促进保护区的监测工作有更深层次的提高，将弥补在生物、环境长期定位仪器设备上监测的不足。为保护湿地、生态建设做出更大的贡献[①]。

十一、长三角生态绿色一体化发展示范区湿地生态系统上海市野外科学观测研究站

该站位于上海市青浦区金泽镇青西郊野公园内，主要针对长三角经济发达、人口密集地区的生态环境变化和综合治理开展长期动态观测研究。该站积极服务长三角区域一体化国家战略，聚焦长三角生态绿色一体化发展示范区建设，充分发挥上海师范大学在环境、地理、生态、生物等领域的多学科优势，立足于国内外城市生态环境研究前沿，面向江南水乡地区"山水林田湖草"生命共同体和多样化的内陆湿地生态系统，遵循国家野外科学观测研究站观测、研究、示范和服务的科学定位，建立"空-天-地"一体化的生态监测系统，重点研究湿地生态系统过程监测与模拟、湿地环境污染与风险评价、湿地生物多样性退化机制及恢复途径和湿地景观演变及其生态系统服务响应等，深入理解湿地生态系统"水-土-气-生-人"之间的相互作用，持续探讨人类活动对湿地生态环境系统的影响机制，为研究长三角生态绿色一体化发展示范区生态环境变化提供时序数据，为开展湿地生态系统综合治理提供技术支撑，建立长三角湿地生态系统修复实践基地、生态数据集成中心、开放的学术交流平台和环境生态人才培养基地，实现在人才培养、科研成果示范推广、开放共享与服务、知识传播与科学普及等方面发挥引领示范作用，为示范区科技创新和社会经济可持续发展提供科技支撑，为长三角区域高质量发展奠定科学基础[②]。

十二、长江河口湿地生态系统上海市野外科学观测研究站

长江河口是我国最大的河口，支撑着我国第一大经济区——长三角经济区。面向"长三角一体化"国家战略需求，复旦大学联合上海市崇明东滩自然保护区管理处建设长江河口湿地野外台站，为长三角区域可持续发展提供重要保障。长江河口湿地野外台站针对"中、长期尺度上，在自然过程与高强度人类活动的共同驱动下，长江河口湿地生态系统的结构与功能如何变化"这一科学问

---

① http://www.neigae.ac.cn/xwzx/zhxw/200910/t20091014_2545656.html
② http://segs.shnu.edu.cn/01/d1/c25548a721361/page.htm

题，开展"水、土、气、生"等生物和环境因子的长期观测及系统研究，在此基础上，提出长江河口湿地生态系统服务功能维持和区域生态安全维护策略。

　　长江河口湿地生态系统野外科学观测研究站（简称"长江口站"）是基于复旦大学崇明东滩湿地野外实验站（建于2001年）、崇西湿地科学实验站（2006年上海市科学技术委员会立项建设）和杭州湾北岸鹦鹉洲湿地实验站（建于2017年）合并组建的综合性野外站。2019年，长江口站被认定为教育部野外科学观测研究站和上海市野外科学观测研究站。长江口站在崇明东滩、崇明西沙、杭州湾北岸、九段沙、横沙东滩等湿地设有观测场和固定监测点。长江口站建有水生生物实验室、植物生态实验室、动物生态实验室、微生物生态实验室、生态组分常规分析室、光合生理生态实验室、潮汐模拟平台、玻璃温室、信息处理室、生物标本馆、会议室、报告厅等建筑设施[1]。

　　长江口站以长江河口湿地为研究对象，覆盖长江河口段及邻近水域，研究方向为：河口湿地生态系统结构、功能与动态；河口湿地生态系统对全球变化及人类活动的响应；河口湿地生态系统的保育、修复、重建与示范。

　　长江口站已有20年建设史，积累了近20年的基础数据，拥有建设用地使用权和长期实验用地，并建有功能完备的工作与生活设施。目前，已汇聚了科研队伍32人，包括中国科学院院士2人、国家自然科学基金委员会杰出青年基金入选者4人、教育部长江学者2人。近5年，长江口站承担了国家重点研发计划等50余个项目，累计科研经费6200余万元；在Science、Nature子刊、Ecology Letters等SCI期刊发表论文150余篇；获省部级以上科技/教学奖励5项。台站支撑的"生物多样性与生态工程教育部重点实验室"2016年经评估获"优秀"等级，推动上海成功晋升2个国家级自然保护区，为崇明世界级生态岛建设和国家实施长江大保护战略提供了重要科技支撑[2]。

---

① http://chm.ecnu.edu.cn/4a/d2/c16776a281298/page.htm
② https://news.fudan.edu.cn/2019/1010/c5a99761/page.htm

附　录

附录一　国家海洋创新指数指标体系

一、国家海洋创新指数的内涵

国家海洋创新指数是指衡量一国海洋创新能力，切实反映一国海洋创新质量和效率的综合性指数。

国家海洋创新指数评价工作借鉴了国内外关于国家竞争力和创新评价等的理论与方法，基于创新型海洋强国的内涵分析，确定指标选择原则，从海洋创新资源、海洋知识创造、海洋创新绩效和海洋创新环境4个方面构建了国家海洋创新指数指标体系，力求全面、客观、准确地反映我国海洋创新能力在创新链不同层面的特点，形成一套比较完整的指标体系和评价方法。通过指数测度，为综合评价创新型海洋强国建设进程、完善海洋创新政策提供技术支撑和咨询服务。

二、创新型海洋强国的内涵

建设海洋强国，急需推动海洋科技向创新引领型转变。国际历史经验表明，海洋科技发展是实现海洋强国的根本保障，应建立国家海洋创新评价指标体系，从战略高度审视我国海洋发展动态，强化海洋基础研究和人才团队建设，大力发展海洋科学技术，为经济社会各方面提供决策支持。

国家海洋创新指数评价将有利于国家和地方政府及时掌握海洋科技发展战略实施进展及可能出现的问题，为进一步采取对策提供基本信息；有利于国际、国内公众了解我国海洋事业的进展、成就、趋势及存在的问题；有利于企业和投资者研判我国海洋领域的机遇与风险；有利于为从事海洋领域研究的学者和机构提供有关信息。

纵观我国海洋经济的发展历程，大体经历了3个阶段：资源依赖阶段、产业规模粗放扩张阶段和由量向质转变阶段。海洋科技的飞速发展，推动新型海洋产业规模不断发展扩大，成为海洋经济新的增长点。我国海域辽阔、海洋资源丰富，但是多年的粗放式发展使得资源环境问题日益突出，制约了海洋经济的进一步发展。因此，只有不断地进行海洋创新，才能促进海洋经济的健康发展，步入创新型海洋强国行列。

创新型海洋强国的最主要特征是国家海洋经济社会发展方式与传统的发展模式相比发生了根本的变化。创新型海洋强国的判别依据是海洋经济增长主要依靠要素（传统的海洋资源消耗和资本）投入来驱动，还是主要依靠以知识创造、传播和应用为标志的创新活动来驱动。

创新型海洋强国应具备4个方面的能力：①较高的海洋创新资源综合投入能力；②较高的海洋知识创造与扩散应用能力；③较高的海洋创新绩效影响表现能力；④良好的海洋创新环境。

三、指标选择原则

（1）评价思路体现海洋可持续发展思想。不仅要考虑海洋创新整体发展环境，还要考虑经济发展、知识成果的可持续性指标，兼顾指数的时间趋势。

（2）数据来源具有权威性。基本数据必须来源于公认的国家官方统计和调查。通过正规渠道定期搜集，确保基本数据的准确性、权威性、持续性和及时性。

（3）指标具有科学性、现实性和可扩展性。海洋创新指数与各项分指数之间逻辑关系严密，分指数的每一个指标都能体现科学性和客观性思想，尽可能减少人为合成指标，各指标均有独特的宏观表征意义，定义相对宽泛，并非对应唯一狭义的数据，便于指标体系的扩展和调整。

（4）评价体系兼顾我国海洋区域特点。选取指标以相对指标为主，兼顾不同区域在海洋创新资源产出效率、创新活动规模和创新领域广度上的不同特点。

（5）纵向分析与横向比较相结合。既有纵向的历史发展轨迹回顾分析，也有横向的各沿海区域、各经济区、各经济圈比较和国际比较。

四、指标体系构建

创新是从创新概念提出到研发、知识产出再到商业化应用转化为经济效益的完整过程。海洋创新能力体现在海洋科技知识的产生、流动和转化为经济效益的整个过程中。应该从海洋创新环境、创新资源的投入、知识创造与应用、绩效影响等整个创新链的主要环节来构建指标，评价国家海洋创新能力。

本报告采用综合指数评价方法，从创新过程选择分指数，确定了海洋创新资源、海洋知识创造、海洋创新绩效和海洋创新环境4个分指数；遵循指标的选取原则，选择19个指标（附表1-1），形成国家海洋创新指数指标体系（指标均为正向指标）；再利用国家海洋创新综合指数及其指标体系对我国海洋创新能力进行综合分析、比较与判断。

附表 1-1　国家海洋创新指数指标体系

综合指数	分指数	指标
国家海洋创新指数（A）	海洋创新资源（B_1）	1. 研究与发展经费投入强度（C_1）
		2. 研究与发展人力投入强度（C_2）
		3. R&D 人员中博士毕业人员占比（C_3）
		4. 科技活动人员占海洋科研机构从业人员的比例（C_4）
		5. 万名科研人员承担的课题数（C_5）
	海洋知识创造（B_2）	6. 亿美元经济产出的发明专利申请数（C_6）
		7. 万名 R&D 人员的发明专利授权数（C_7）
		8. 本年出版科技著作（种）（C_8）
		9. 万名科研人员发表的科技论文数（C_9）
		10. 国外发表的论文数占总论文数的比例（C_{10}）
	海洋创新绩效（B_3）	11. 海洋劳动生产率（C_{11}）
		12. 单位能耗的海洋经济产出（C_{12}）
		13. 海洋生产总值占国内生产总值的比例（C_{13}）
		14. 有效发明专利产出效率（C_{14}）
		15. 第三产业增加值占海洋生产总值的比例（C_{15}）
	海洋创新环境（B_4）	16. 沿海地区人均海洋生产总值（C_{16}）
		17. R&D 经费中设备购置费所占比例（C_{17}）
		18. 海洋科研机构科技活动收入中政府资金所占比例（C_{18}）
		19. R&D 人员人均折合全时工作量（C_{19}）

海洋创新资源：反映一个国家海洋创新活动的投入力度、创新型人才资源供给能力及创新所依赖的基础设施投入水平。创新投入是国家海洋创新活动的必要条件，包括科技资金投入和人才资源投入等。

海洋知识创造：反映一个国家的海洋科研产出能力和知识传播能力。海洋知识创造的形式多种多样，产生的效益也是多方面的，本报告主要从海洋发明专利、科技著作和科技论文等角度考虑海洋创新的知识积累效益。

海洋创新绩效： 反映一个国家开展海洋创新活动所产生的效果和影响。海洋创新绩效分指数从国家海洋创新的效率和效果两个方面选取指标。

海洋创新环境： 反映一个国家海洋创新活动所依赖的外部环境，主要包括相关海洋制度创新和环境创新。其中，制度创新的主体是政府等相关部门，主要体现在政府对创新的政策支持、对创新的资金支持和知识产权管理等方面；环境创新主要指创新的配置能力、创新基础设施、创新基础经济水平、创新金融及文化环境等。

附录二　国家海洋创新指数指标解释

C_1. 研究与发展经费投入强度

海洋科研机构的R&D经费占国内海洋生产总值的比例，为国家海洋研发经费投入强度指标，反映国家海洋创新资金投入强度。

C_2. 研究与发展人力投入强度

每万名涉海就业人员中R&D人员数，反映一个国家创新人力资源的投入强度。

C_3. R&D 人员中博士毕业人员占比

海洋科研机构内R&D人员中博士毕业人员所占比例，反映一个国家海洋科技活动的顶尖人才力量。

C_4. 科技活动人员占海洋科研机构从业人员的比例

海洋科研机构从业人员中科技活动人员所占比例，反映一个国家海洋创新活动科研力量的强度。

C_5. 万名科研人员承担的课题数

平均每万名科研人员承担的国内课题数，反映科研人员从事创新活动的强度。

C_6. 亿美元经济产出的发明专利申请数

一国海洋发明专利申请量除以海洋生产总值（以汇率折算的亿美元为单位）。该指标反映了相对于经济产出的技术产出量和一个国家海洋创新活动的活跃程度。3种专利（发明专利、实用新型专利和外观设计专利）中发明专利技术含量和价值最高，发明专利申请量可以反映一个国家海洋创新活动的活跃程度和自主创新能力。

C_7. 万名 R&D 人员的发明专利授权数

海洋科研机构中平均每万名R&D人员的国内发明专利授权量，反映一个国家的自主创新能力和技术创新能力。

C_8. 本年出版科技著作（种）

经过正式出版部门编印出版的科技专著、大专院校教科书、科普著作。只统计本单位科技人员为第一作者的著作，同一书名计为一种著作，与书的发行量无关，反映一个国家海洋科学研究的产出能力。

C_9. 万名科研人员发表的科技论文数

平均每万名科研人员发表的科技论文数，反映科学研究的产出效率。

C_{10}. 国外发表的论文数占总论文数的比例

一国发表的海洋领域科技论文中，在国外发表的论文所占比例，反映科技论文相关研究的国际化水平。

C_{11}. 海洋劳动生产率

涉海就业人员的人均海洋生产总值，反映海洋创新活动对海洋经济产出的作用。

C_{12}. 单位能耗的海洋经济产出

万吨标准煤能源消耗的海洋生产总值，用来测度海洋创新带来的减少资源消耗的效果，也反映一个国家海洋经济增长的集约化水平。

C_{13}. 海洋生产总值占国内生产总值的比例

反映海洋经济对国民经济的贡献，用来测度海洋创新对海洋经济的推动作用。

C_{14}. 有效发明专利产出效率

单位R&D人员折合全时工作量的平均有效发明专利数，一定程度上反映国家海洋有效发明专利的产出效率，可以衡量一国海洋创新产出绩效能力与海洋创新能力的高低。

C_{15}. 第三产业增加值占海洋生产总值的比例

按照海洋生产总值中第三产业增加值所占比例测算，反映海洋创新的产业结构优化程度，从生产能力和产业结构方面反映一国海洋创新的绩效水平。

C_{16}. 沿海地区人均海洋生产总值

按沿海地区人口平均的海洋生产总值，一定程度上反映沿海地区人民的生活水平，可以衡量海洋生产力的增长情况和海洋创新活动所处的外部环境。

C_{17}. R&D 经费中设备购置费所占比例

海洋科研机构的R&D经费中设备购置费所占比例，反映海洋创新所需的硬件设备条件，在一定程度上反映海洋创新的硬环境。

C_{18}. 海洋科研机构科技活动收入中政府资金所占比例

反映政府投资对海洋创新的促进作用及海洋创新所处的制度环境。

C_{19}. R&D 人员人均折合全时工作量

反映一个国家海洋科技人力资源投入的工作量与全时工作能力。

附录三　国家海洋创新指数评价方法

国家海洋创新指数的计算方法采用国际上流行的标杆分析法，即国际竞争力评价采用的方法。其原理是：对被评价的对象给出一个基准值，并以该标准去衡量所有被评价的对象，从而发现彼此之间的差距，给出排序结果。

采用海洋创新评价指标体系中的指标，利用2004～2018年的指标数据，分别计算基准年之后各年的海洋创新指数及分指数得分，与基准年比较即可看出国家海洋创新指数的增长情况。

一、原始数据标准化处理

设定2004年为基准年，基准值为100。对国家海洋创新指数指标体系中19个指标的原始值进行标准化处理，具体计算公式为

$$C_j^t = \frac{100x_j^t}{x_j^1}$$

式中，$j=1\sim19$，为指标序列编号；$t=1\sim15$，为2004～2019年编号；x_j^t表示各年各项指标的原始数据值（x_j^1表示2004年各项指标的原始数据值）；C_j^t表示各年各项指标标准化处理后的值。

二、国家海洋创新指数分指数测算

采用等权重①测算各年国家海洋创新指数分指数得分。

当$i=1$时，$B_1^t = \sum_{j=1}^{5}\beta_1 C_j^t$，其中$\beta_1 = \frac{1}{5}$

当$i=2$时，$B_2^t = \sum_{j=6}^{10}\beta_2 C_j^t$，其中$\beta_2 = \frac{1}{5}$

当$i=3$时，$B_3^t = \sum_{j=11}^{15}\beta_3 C_j^t$，其中$\beta_3 = \frac{1}{5}$

当$i=4$时，$B_4^t = \sum_{j=16}^{19}\beta_4 C_j^t$，其中$\beta_4 = \frac{1}{4}$

式中，$t=1\sim15$，为2004～2019年编号；B_1^t、B_2^t、B_3^t、B_4^t依次代表各年海洋创新资源分指数、海洋知识创造分指数、海洋创新绩效分指数和海洋创新环境分指数的得分。

三、国家海洋创新指数测算

采用等权重测算国家海洋创新指数得分，即

$$A^t = \sum_{i=1}^{4}\varpi B_i^t$$

式中，$i=1\sim4$；$t=1\sim15$，为2004～2019年编号；ϖ为权重（等权重为$\frac{1}{4}$）；A^t为各年的国家海洋创新指数得分。

---

① 采用《国家海洋创新指数报告2016》的权重选取方法，取等权重。

附录四　区域海洋创新指数评价方法

一、区域海洋创新指数指标体系说明

　　区域海洋创新指数由海洋创新资源、海洋知识创造、海洋创新绩效和海洋创新环境4个分指数构成。与国家海洋创新指数指标体系相比，区域海洋创新资源分指数中用"科研人员承担的平均课题数"代替了"万名科研人员承担的课题数"；区域海洋知识创造分指数中分别用"R&D人员的平均发明专利授权数"和"科研人员发表的平均科技论文数"代替了"万名R&D人员的发明专利授权数"和"万名科研人员发表的科技论文数"；区域海洋创新绩效分指数中删去了"第三产业增加值占海洋生产总值的比例"、"海洋生产总值占国内生产总值的比例"和"有效发明专利产出效率"，增加了"R&D人员发表论文平均工作量"和"科技活动人员平均有效发明专利数"。

二、原始数据归一化处理

　　对18个指标的原始值进行归一化处理。归一化处理是为了消除多指标综合评价中计量单位的差异和指标数值的数量级、相对数形式的差别，解决数据指标的可比性问题，使各指标处于同一数量级，便于进行综合对比分析。为消除归一化时出现数值为"0"而影响后续对数运算的情况，这里对归一化公式进行了如下调整：

$$c_{ij} = \frac{y_{ij} - \min y_{ij}}{\max y_{ij} - \min y_{ij}} \times (1-a) + a, \quad a \in (0,1)$$

式中，$i=1\sim7$，指2013～2019年7年的统计数据，$j=1\sim18$为指标序列号；y_{ij}表示各项指标的原始数据值；c_{ij}表示各项指标处理后的值。为了避免求熵值时求对数无意义且使归一化数值结果处于0到1之间，进一步对数据进行缩放和平移处理，a值取0.2。

三、熵值法确定指标权重

　　计算第j个指标第i年的权重P_{ij}为

$$P_{ij} = \frac{c_{ij}}{\sum\limits_{i=1}^{7} c_{ij}}$$

　　计算第j个指标的熵值E_j为

$$E_j = -\frac{1}{\ln 6} \times \sum\limits_{i=1}^{7} P_{ij} \log(P_{ij})$$

　　计算第j个指标的权重ω_j为

$$\omega_j = \frac{1 - E_j}{\sum\limits_{j=1}^{18} (1 - E_j)}$$

四、区域海洋创新分指数的计算

$$b_1 = \frac{\sum\limits_{j=1}^{5} \omega_j c_{ij}}{\sum\limits_{j=1}^{5} \omega_j} \qquad b_2 = \frac{\sum\limits_{j=6}^{10} \omega_j c_{ij}}{\sum\limits_{j=6}^{10} \omega_j} \qquad b_3 = \frac{\sum\limits_{j=11}^{14} \omega_j c_{ij}}{\sum\limits_{j=11}^{14} \omega_j} \qquad b_4 = \frac{\sum\limits_{j=15}^{18} \omega_j c_{ij}}{\sum\limits_{j=15}^{18} \omega_j}$$

五、区域海洋创新指数的计算

区域海洋创新分指数权重及区域海洋创新指数计算同上述指标权重及区域海洋创新分指数的测算，测算得出区域海洋创新指数得分（a）：

$$a = \sum_{m=1}^{4} w_m b_m$$

式中，w 为各分指数权重。

附录五　区域分类依据及相关概念界定

一、沿海省（自治区、直辖市）

我国沿海11个省（自治区、直辖市），具体包括天津、河北、辽宁、山东、江苏、上海、浙江、福建、广东、广西和海南。

二、海洋经济区

我国有五大海洋经济区，分别为环渤海经济区、长江三角洲经济区、海峡西岸经济区、珠江三角洲经济区和环北部湾经济区。其中环渤海经济区中纳入评价的沿海省（直辖市）为辽宁、河北、山东、天津；长江三角洲经济区中纳入评价的沿海省（直辖市）为江苏、上海、浙江；海峡西岸经济区中纳入评价的沿海省为福建；珠江三角洲经济区中纳入评价的沿海省为广东；环北部湾经济区中纳入评价的沿海省（自治区）为广西和海南。

三、海洋经济圈

海洋经济圈分区依据《全国海洋经济发展"十二五"规划（公开版）》，分别为北部海洋经济圈、东部海洋经济圈和南部海洋经济圈。北部海洋经济圈由辽东半岛、渤海湾和山东半岛沿岸及海域组成，本报告纳入评价的沿海省（直辖市）包括天津、河北、辽宁和山东；东部海洋经济圈由江苏、上海、浙江沿岸及海域组成，本报告纳入评价的沿海省（直辖市）包括江苏、浙江和上海；南部海洋经济圈由福建、珠江口及其两翼、北部湾、海南岛沿岸及海域组成，本报告纳入评价的沿海省（自治区）包括福建、广东、广西和海南。

附录六　涉海学科清单（教育部学科分类）

附表 6-1　涉海学科清单（教育部学科分类）

代码	学科名称	说明
140	**物理学**	
14020	声学	
1402050	水声和海洋声学	原名为"水声学"
14030	光学	
1403064	海洋光学	
170	**地球科学**	
17050	地质学	

代码	学科名称	说明
1705077	石油与天然气地质学	含天然气水合物地质学
17060	海洋科学	
1706010	海洋物理学	
1706015	海洋化学	
1706020	海洋地球物理学	
1706025	海洋气象学	
1706030	海洋地质学	
1706035	物理海洋学	
1706040	海洋生物学	
1706045	海洋地理学和河口海岸学	原名为"河口、海岸学"
1706050	海洋调查与监测	
	海洋工程	见 41630
	海洋测绘学	见 42050
1706061	遥感海洋学	亦名"卫星海洋学"
1706065	海洋生态学	
1706070	环境海洋学	
1706075	海洋资源学	
1706080	极地科学	
1706099	海洋科学其他学科	
240	**水产学**	
24010	水产学基础学科	
2401010	水产化学	
2401020	水产地理学	
2401030	水产生物学	
2401033	水产遗传育种学	
2401036	水产动物医学	
2401040	水域生态学	
2401099	水产学基础学科其他学科	
24015	水产增殖学	
24020	水产养殖学	
24025	水产饲料学	
24030	水产保护学	
24035	捕捞学	
24040	水产品贮藏与加工	
24045	水产工程学	
24050	水产资源学	
24055	水产经济学	
24099	水产学其他学科	

代码	学科名称	说明
340	**军事医学与特种医学**	
34020	特种医学	
3402020	潜水医学	
3402030	航海医学	
413	**信息与系统科学相关工程与技术**	
41330	信息技术系统性应用	
4133030	海洋信息技术	
416	**自然科学相关工程与技术**	
41630	海洋工程与技术	代码原为57050，原名为"海洋工程"
4163010	海洋工程结构与施工	代码原为5705010
4163015	海底矿产开发	代码原为5705020
4163020	海水资源利用	代码原为5705030
4163025	海洋环境工程	代码原为5705040
4163030	海岸工程	
4163035	近海工程	
4163040	深海工程	
4163045	海洋资源开发利用技术	包括海洋矿产资源、海水资源、海洋生物、海洋能开发技术等
4163050	海洋观测预报技术	包括海洋水下技术、海洋观测技术、海洋遥感技术、海洋预报预测技术等
4163055	海洋环境保护技术	
4163099	海洋工程与技术其他学科	代码原为5705099
420	**测绘科学技术**	
42050	海洋测绘	
4205010	海洋大地测量	
4205015	海洋重力测量	
4205020	海洋磁力测量	
4205025	海洋跃层测量	
4205030	海洋声速测量	
4205035	海道测量	
4205040	海底地形测量	
4205045	海图制图	
4205050	海洋工程测量	
4205099	海洋测绘其他学科	
480	**能源科学技术**	
48060	一次能源	
4806020	石油、天然气能	
4806030	水能	包括海洋能等
4806040	风能	
4806085	天然气水合物能	

续表

代码	学科名称	说明
490	**核科学技术**	
49050	核动力工程技术	
4905010	舰船核动力	
570	**水利工程**	
57010	水利工程基础学科	
5701020	河流与海岸动力学	
580	**交通运输工程**	
58040	水路运输	
5804010	航海技术与装备工程	原名为"航海学"
5804020	船舶通信与导航工程	原名为"导航建筑物与航标工程"
5804030	航道工程	
5804040	港口工程	
5804080	海事技术与装备工程	
58050	船舶、舰船工程	
610	**环境科学技术及资源科学技术**	
61020	环境学	
6102020	水体环境学	包括海洋环境学
620	**安全科学技术**	
62010	安全科学技术基础学科	
6201030	灾害学	包括灾害物理、灾害化学、灾害毒理等
780	**考古学**	
78060	专门考古	
7806070	水下考古	
790	**经济学**	
79049	资源经济学	
7904910	海洋资源经济学	
830	**军事学**	
83030	战役学	
8303020	海军战役学	
83035	战术学	
8303530	海军战术学	

注：根据二级学科所包含的涉海学科（三级学科）数占其所包含的三级学科总数的比例确定二级学科涉海比例系数如下：声学（0.06）、光学（0.06）、地质学（0.04）、海洋科学（1）、水产学基础学科（1）、水产增殖学（1）、水产养殖学（1）、水产饲料学（1）、水产保护学（1）、捕捞学（1）、水产品贮藏与加工（1）、水产工程学（1）、水产资源学（1）、水产经济学（1）、水产学其他学科（1）、特种医学（0.33）、信息技术系统性应用（0.25）、海洋工程与技术（1）、海洋测绘（1）、一次能源（0.36）、核动力工程技术（0.20）、水利工程基础学科（0.25）、水路运输（0.56）、船舶、舰船工程（1）、环境学（0.17）、安全科学技术基础学科（0.17）、专门考古（0.11）、资源经济学（0.17）、战役学（0.17）、战术学（0.17）

编 制 说 明

为响应国家海洋创新战略，服务国家创新体系建设，国家海洋局第一海洋研究所（现为自然资源部第一海洋研究所）自2006年起着手开展海洋创新指标的测算工作，并于2013年正式启动国家海洋创新指数的研究工作。《国家海洋创新指数报告2021》是相关系列报告的第13本，现将有关情况说明如下。

一、需求分析

创新驱动发展已经成为我国的国家发展战略，《中共中央关于全面深化改革若干重大问题的决定》明确提出要"建设国家创新体系"。海洋创新是建设创新型国家的关键领域，也是国家创新体系的重要组成部分。探索构建国家海洋创新指数，评价我国国家海洋创新能力，对海洋强国的建设意义重大。国家海洋创新评估系列报告编制的必要性主要表现在以下4个方面。

（一）全面摸清我国海洋创新家底的迫切需要

搜集海洋经济统计、科技统计和科技成果登记等海洋创新数据，全面摸清我国海洋创新家底，是客观分析我国国家海洋创新能力的基础。

（二）深入把握我国海洋创新发展趋势的客观需要

从海洋创新资源、海洋知识创造、海洋创新绩效和海洋创新环境4个方面，挖掘分析海洋创新数据，深入把握我国海洋创新发展趋势，以满足认清我国海洋创新路径与方式的客观需要。

（三）准确测算我国海洋创新重要指标的实际需要

对海洋创新重要指标进行测算和预测，切实反映我国海洋创新的质量和效率，为我国海洋创新政策的制定提供系列重要指标支撑。

（四）全面了解国际海洋创新发展态势的现实需要

从海洋领域产出的论文与专利等方面分析国际海洋创新在基础研究和技术研发层面上的发展态势，全面了解国际海洋创新发展态势，为我国海洋创新发展提供参考。

二、编制依据

（一）党的十九大报告

党的十九大报告明确提出要"加快建设创新型国家"，并指出"创新是引领发展的第一动力，是建设现代化经济体系的战略支撑""要瞄准世界科技前沿，强化基础研究""加强国家创新体系建设，强化战略科技力量""坚持陆海统筹，加快建设海洋强国"。

（二）十八届五中全会报告

十八届五中全会提出"必须把创新摆在国家发展全局的核心位置，不断推进理论创新、制度创新、科技创新、文化创新等各方面创新，让创新贯穿党和国家一切工作，让创新在全社会蔚然成风"。

（三）《国家创新驱动发展战略纲要》

中共中央、国务院2016年5月印发的《国家创新驱动发展战略纲要》指出"党的十八大提出实施创新驱动发展战略，强调科技创新是提高社会生产力和综合国力的战略支撑，必须摆在国家发展全局的核心位置。这是中央在新的发展阶段确立的立足全局、面向全球、聚焦关键、带动整体的国家重大发展战略"。

（四）《中华人民共和国国民经济和社会发展第十三个五年规划纲要》

《中华人民共和国国民经济和社会发展第十三个五年规划纲要》提出创新驱动主要指标，强化科技创新引领作用，并指出"把发展基点放在创新上，以科技创新为核心，以人才发展为支撑，推动科技创新与大众创业、万众创新有机结合，塑造更多依靠创新驱动、更多发挥先发优势的引领型发展"。

（五）《推动共建丝绸之路经济带和21世纪海上丝绸之路的愿景与行动》

《推动共建丝绸之路经济带和21世纪海上丝绸之路的愿景与行动》提出"创新开放型经济体制机制，加大科技创新力度，形成参与和引领国际合作竞争新优势，成为'一带一路'特别是21世纪海上丝绸之路建设的排头兵和主力军"的发展思路。

（六）《中共中央关于全面深化改革若干重大问题的决定》

《中共中央关于全面深化改革若干重大问题的决定》明确提出要"建设国家创新体系"。

（七）《"十三五"国家科技创新规划》

《"十三五"国家科技创新规划》提出"'十三五'时期是全面建成小康社会和进入创新型国家行列的决胜阶段，是深入实施创新驱动发展战略、全面深化科技体制改革的关键时期，必须认真贯彻落实党中央、国务院决策部署，面向全球、立足全局，深刻认识并准确把握经济发展新常态的新要求和国内外科技创新的新趋势，系统谋划创新发展新路径，以科技创新为引领开拓发展新境界，加速迈进创新型国家行列，加快建设世界科技强国"。

（八）《海洋科技创新总体规划》

《海洋科技创新总体规划》战略研究首次工作会上提出要"围绕'总体'和'创新'做好海洋战略研究""要认清创新路径和方式，评估好'家底'"。

（九）《"十三五"海洋领域科技创新专项规划》

《"十三五"海洋领域科技创新专项规划》明确提出"进一步建设完善国家海洋科技创新体系，提升我国海洋科技创新能力，显著增强科技创新对提高海洋产业发展的支撑作用"。

（十）《全国海洋经济发展规划纲要》

《全国海洋经济发展规划纲要》提出要"逐步把我国建设成为海洋强国"。

（十一）《全国科技兴海规划（2016—2020年）》

《全国科技兴海规划（2016—2020年）》提出"到2020年，形成有利于创新驱动发展的科技兴海长效机制，构建起链式布局、优势互补、协同创新、集聚转化的海洋科技成果转移转化体系。海洋科技引领海洋生物医药与制品、海洋高端装备制造、海水淡化与综合利用等产业持续壮大的能力显著增强，培育海洋新材料、海洋环境保护、现代海洋服务等新兴产业的能力不断加强，支撑海洋综合管理和公益服务的能力明显提升。海洋科技成果转化率超过55%，海洋科技进步对海洋经济增长贡献率超过60%，发明专利拥有量年均增速达到20%，海洋高端装备自给率达到50%。基本形成海洋经济和海洋事业互动互进、融合发展的局面，为海洋强国建设和我国进入创新型国家行列奠定坚实基础"。

（十二）《国家中长期科学和技术发展规划纲要（2006—2020年）》

《国家中长期科学和技术发展规划纲要（2006—2020年）》提出"把提高自主创新能力作为调整经济结构、转变增长方式、提高国家竞争力的中心环节，把建设创新型国家作为面向未来的重大战略选择"，并指出今后15年科技工作的指导方针是"自主创新，重点跨越，支撑发展，引领未来"，强调要"全面推进中国特色国家创新体系建设，大幅度提高国家自主创新能力"。

（十三）《"十三五"国家科技创新专项规划》

《"十三五"国家科技创新专项规划》指出创新是引领发展的第一动力。该规划从六方面对科技创新进行了重点部署，以深入实施创新驱动发展战略、支撑供给侧结构性改革。该规划提出，到2020年，我国国家综合创新能力世界排名要从目前的第18位提升到第15位；科技进步贡献率要从目前的55.3%提高到60%；研发投入强度要从目前的2.1%提高到2.5%。

（十四）《中华人民共和国国民经济和社会发展第十四个五年规划和2035年远景目标纲要》

《中华人民共和国国民经济和社会发展第十四个五年规划和2035年远景目标纲要》第七章提出完善科技创新体制机制，第四十一章提出推进实施共建"一带一路"科技创新行动计划，建设数字丝绸之路、创新丝绸之路，加强应对气候变化、海洋合作、野生动物保护、荒漠化防治等交流合作，推动建设绿色丝绸之路。第三十三章提出积极拓展海洋经济发展空间，坚持陆海统筹、人海和谐、合作共赢，协同推进海洋生态保护、海洋经济发展和海洋权益维护，加快建设海洋强国。

（十五）2018年6月12日考察青岛海洋科学与技术试点国家实验室

"建设海洋强国，我一直有这样一个信念。发展海洋经济、海洋科研是推动我们强国战略很重要的一个方面，一定要抓好。关键的技术要靠我们自主来研发，海洋经济的发展前途无量""海洋经济、海洋科技将来是一个重要主攻方向，从陆域到海域都有我们未知的领域，有很大的潜力"。

三、数据来源

《国家海洋创新指数报告2021》所用数据来源为：①2004～2020年中国统计年鉴；②2004～2020年中国海洋统计年鉴；③2004～2020年中国海洋经济统计公报；④2004～2020年科学技术部科技统计数据；⑤2012～2020年教育部涉海学科科技统计数据；⑥中国科学引文数据库

（Chinese science citation database，CSCD）；⑦科学引文索引扩展版（science citation index expanded，SCIE）数据库；⑧德温特创新索引（Derwent innovation index，DII）国际专利数据库；⑨《工程索引》（*Engineering Index*，EI）；⑩2012～2019年高等学校科技统计资料汇编；⑪其他公开出版物。

四、编制过程

《国家海洋创新指数报告2021》由自然资源部第一海洋研究所海岸带科学与海洋发展战略研究中心组织编写；中国科学院兰州文献情报中心参与编写了海洋论文、专利和全球海洋科技创新态势分析等部分；科学技术部战略规划司和国家海洋信息中心等单位、部门提供了数据支持。编制过程分为前期准备阶段、数据测算与报告编制阶段、修改完善阶段等3个阶段，具体介绍如下。

（一）前期准备阶段

收集整理数据。2020年11月，收集整理2019年海洋科技统计数据，并与已有其他年度数据对比，分析整理指标和数据变化情况；同时，与中国科学院兰州文献情报中心合作，收集海洋领域SCI论文和海洋专利等数据。

形成基本思路。2021年1～2月，课题组在《国家海洋创新指数报告2020》工作的基础上，经过多次研究讨论和交流沟通，总结归纳经验和不足之处，梳理《国家海洋创新指数报告2021》编制思路，形成具体实施方案。

组建报告编写组与指标测算组。2021年1月，在自然资源部科技发展司和国家海洋创新指数评价顾问组的指导下，在《国家海洋创新指数报告2020》编写组基础上，组建《国家海洋创新指数报告2021》编写组与指标测算组。

（二）数据测算与报告编制阶段

数据处理与分析。2021年1～2月，对海洋科研机构科技创新数据及2004～2020年中国统计年鉴、2004～2020年中国海洋统计年鉴、2004～2020年中国海洋经济统计公报等相关科技创新数据等来源数据，进行数据处理与分析。

指标调整。2021年1月21日至4月25日，根据海洋创新评价需求和数据质量，调整相应指标，以满足评价需求。

数据测算。2021年4月25日至6月30日，基础指标测算，并根据相应的评价方法测算国家海洋创新指数和区域海洋创新指数。

报告文本初稿编写。2021年7月1日至8月15日，根据数据分析结果和指标测算结果，完成报告第一稿的编写。

数据第一轮复核。2021年8月16～30日，组织测算组进行数据第一轮复核，重点检查数据来源、数据处理过程与图表。

报告文本第二稿修改。2021年8月31日至9月13日，根据数据复核结果和指标测算结果，修改报告初稿，形成征求意见文本第二稿。

数据第二轮复核。2021年9月13～15日，组织测算组进行数据第二轮复核，流程按照逆向复核的方式，根据文本内容依次检查图表、数据处理过程、数据来源。

报告文本第三稿完善。2021年9月10～15日，根据数据第二轮复核结果和小范围征求意见情况，完善报告文本，形成征求意见文本第三稿。

数据第三轮复核。2021年9月15～18日，按照顺向与逆向结合复核的方式，核对数据来源、数据处理过程与文本图表对应。并运用海洋创新指数评估软件进行数据处理过程与结果的核对。

报告文本第四稿完善。2021年9月15～18日，根据征求意见情况，完善报告文本，形成征求意见文本第四稿。

（三）修改完善阶段

计算过程复核。2021年9月2～18日，组织测算组进行计算过程的认真复核，重点检查计算过程的公式、参数和结果的准确性，并根据复核结果进一步完善文本，结合各轮修改意见，形成征求意见文本第五稿。

内审及报告文本第五稿修改。2021年9月18～29日，海岸带科学与海洋发展战略研究中心组织进行内部审查，并根据意见修改文本。

编写组文本校对。2021年8～9月，编写组成员按照章节对报告文本进行校对，根据各成员意见和建议修改完善文本。

出版社预审。2021年9月，向科学出版社编辑部提交文本电子版进行预审。

五、意见与建议吸收情况

已征求意见10余人次。经汇总，收到意见和建议102条。

根据反馈的意见和建议，共吸收意见和建议94条。反馈意见和建议吸收率约为92.16%。

更 新 说 明

一、增减了部分章节和内容

（1）删减了《国家海洋创新指数报告2020》中的"第四章 国家海洋创新能力与海洋经济协调关系测度研究"和"第五章 美国海洋和大气领域政策导向转变及2020财年计划调整"内容。

（2）新增了"第四章 我国海洋经济圈创新评价与'一带一路'协同发展研究"、"第五章 我国海洋创新与经济高质量发展关系的定量研究分析"和"第九章 海洋野外科学观测研究站专题分析"。

二、更新了国内和国际数据

（1）更新了国际涉海创新论文数据。原始数据更新至2019年，用于海洋科技创新产出成果部分的分析，以及国内外海洋科技创新论文方面的比较分析。

（2）更新了国际涉海专利数据。原始数据更新至2019年，用于海洋科技创新产出成果部分的分析，以及国内外海洋科技创新专利方面的比较分析。

（3）更新了国内数据。国家海洋创新指数指标所用原始数据更新至2019年，区域海洋创新指数指标数据更新为2019年。

（4）更新了数据来源。用科学技术部科技统计数据代替海洋统计年鉴中的部分数据，形成新的指标数据，重新测算的各指数与以往报告中的数据会有相应差异。

后　记

历经十六年，编撰十三册，
焚膏继晷，接续日光，
兀兀穷年，千磨万击，
今朝展卷，只此青绿。

感恩撰写过程中给予谆谆教导和不吝帮助的七位司领导和四位主管处长，感谢科技部、教育部、中科院等部委给予的数据支持，感谢丁德文院士、金翔龙院士和吴立新院士，感谢何广顺主任和段晓峰主任，感谢学术委员会和我所的各位领导老师，感谢课题组全体成员。

传承与创新，酝酿其中；
未来与过去，凝于此书；
时间与河流，流入海底。

壬寅年正月初一